水力发电系统瞬态动力学建模与稳定性分析

陈帝伊 著

科学出版社

北京

内 容 简 介

本书主要介绍水力发电系统数值建模方法与稳定性理论分析，目的是帮助水利水电相关领域科研人员和工程技术人员加深对水力发电系统的理解，进一步突破理论研究瓶颈，解决实际工程中遇到的问题。全书共 5 章，主要内容包括：水力发电系统的研究基础，水力发电系统瞬态动力学建模方法与稳定性分析，水轮机调节系统多尺度效应研究，哈密顿理论在水力发电系统中的应用，水泵水轮机系统建模方法与稳定性分析。

本书从不同角度对水力发电系统进行详尽分析，可供水利水电相关领域科研和工程技术人员参考，也可作为高等院校水利工程等专业的研究生教材或教学参考用书。

图书在版编目（CIP）数据

水力发电系统瞬态动力学建模与稳定性分析/陈帝伊著. —北京：科学出版社，2021.6
ISBN 978-7-03-067341-1

Ⅰ．①水… Ⅱ．①陈… Ⅲ．①水力发电站-电力系统运行-动力学模型-研究 Ⅳ．①TV737

中国版本图书馆 CIP 数据核字（2020）第 272852 号

责任编辑：祝 洁 罗 瑶 / 责任校对：杨 赛
责任印制：张 伟 / 封面设计：陈 敬

科 学 出 版 社 出版
北京东黄城根北街 16 号
邮政编码：100717
http://www.sciencep.com
北京建宏印刷有限公司 印刷
科学出版社发行 各地新华书店经销
*
2021 年 6 月第 一 版 开本：720×1000 B5
2021 年 6 月第一次印刷 印张：10 3/4
字数：210 000
定价：110.00 元
（如有印装质量问题，我社负责调换）

前　言

风能、光能等可再生能源发展讯速，但这些能源转化为电力的过程受自然条件影响较大，且不稳定，加剧了电网的波动。水力发电以其快速、平稳的调节性能，成为电力系统调节的首选，其功能由电力生产向电力调节转变。这种转变使得水轮机在运行过程中面临频繁的工况转换，对水力发电系统提出了更高的要求。

本书以水力发电系统为研究对象，运用动力学建模方法研究其瞬态稳定性。由于工作条件的改变，水力发电系统在运行过程中，从一种工况或状态转换到另一工况或状态的瞬时变动过程称为水力发电系统瞬态过程，这一过程中机组的运行品质严重影响着系统整体的安全稳定性。水力发电系统由水力系统、机械系统与电气系统组成，针对其瞬态过程的动力学建模及其稳定性研究是非常复杂且涉及多学科交叉的问题。为了解决这一问题，促进水力发电系统瞬态过程理论与关键技术的发展，本书从多个角度出发，紧密结合生产实践，吸收新理论、新技术、新设备在该领域的应用，反映专业与学科前沿的发展趋势，研究水力发电系统在典型动态过程的动力学特征和稳定性影响因素，揭示水力发电系统失稳机理及稳定条件，为系统瞬态特性分析和安全稳定调控提供有益参考。

全书共五章。第 1 章是绪论，主要介绍水力发电系统的研究背景及意义，以及国内外研究现状。第 2 章介绍水力发电系统的瞬态动力学建模方法，并探究系统在大波动过渡过程中的非线性动力学特性。第 3 章从多尺度效应出发，建立多尺度耦合的水轮机调节系统模型，并探究多时间尺度下水轮机调节系统的动力学行为。第 4 章从能量角度出发将水电站系统纳入广义哈密顿理论框架，建立水力发电系统广义哈密顿模型，分别探究水力发电系统在不同工况条件、不同布置形式和不同尾水洞形式下的系统稳定性及能量流特性。第 5 章针对水泵水轮机系统，探究其在随机因素影响下的动力学特征和稳定性条件。

本书由陈帝伊撰写，王鹏飞统稿。张浩、李欢欢、韩青爽、高翔、卫浩娟、李若朴、冯雯凤、孙健等为本书的撰写提供了大量帮助，在此一并表示感谢。

感谢国家自然科学基金项目"水电站系统稳定性与控制"(51622906)对本书出版提供资助。

最后，由衷感谢科学出版社祝洁编辑和杨丹编辑对本书出版提供的大力帮助。

限于作者水平，本书难免存在不足之处，恳请广大读者批评指正！

作　者

2020 年 11 月

目　　录

第1章 绪　　论

1.1　研究背景及意义

1.1.1　研究背景

1) 常规水电站

近年来, 多座世界级巨型水电站在我国投运, 如溪洛渡水电站(装机容量 1386 万 kW)和乌东德水电站(装机容量 1020 万 kW)等[1]。我国水力发电机组单机容量从 20 世纪 90 年代的 17 万 kW(葛洲坝水电站)增加到 100 万 kW(白鹤滩水电站); 2018 年, 我国新增风电、光电并网装机容量 6460 万 kW, 在光电、风电等随机性、间歇性能源大规模并网情况下, 水电站在电力系统中承担更多调峰、调频等任务[2,3]。常规水电站的装机容量持续增大和工况频繁调节, 其安全稳定运行问题日益突出[4-8]。

国内外常规水电站在运行过程中已经出现多起严重事故。广西岩滩水电站在小负荷运行时机组尾水出现强烈压力脉动, 当机组水头大于 60m 时, 机组和厂房同时出现剧烈振动, 导致机组停机事故; 四川铜街子水电站 11 号机组 1992 年投入运行后, 摆度和振动明显, 上机架支臂剪断销先后断裂, 严重影响电站安全运行; 俄罗斯萨彦-舒申斯克水电站 2 号机组在 2009 年 8 月 17 日发生爆炸, 电站墙体损毁, 厂房被淹, 5 人死亡, 造成巨大的经济损失和严重社会负面影响[9-11]。因此, 针对常规水电站运行稳定机理进行深入的理论研究十分必要, 且具有显著的实际工程价值。

2) 抽水蓄能水电站

截至 2019 年底, 我国抽水蓄能电站在运、在建装机容量分别达到 3029 万 kW、5063 万 kW, 在建的丰宁抽水蓄能电站建成后将成为世界上最大的抽水蓄能电站[12,13]。抽水蓄能电站的快速建设和投运对水泵水轮机系统安全稳定运行提出了更高要求。

与常规水电站相比, 抽水蓄能电站可以更灵活可靠地承担系统调峰、调频、填谷、调相及事故备用等特殊任务, 但高水头、高转速、双向运行等特点, 使其运行过程的安全稳定问题更加突出[14-16]。目前, 我国抽水蓄能电站在瞬态过程中已经出现严重事故。例如, 2003 年 1 月, 浙江天荒坪抽水蓄能电站 2 号机组在增负荷过程中出现转动部件抬起事故，1 号机组调试过程中，水导轴承处大轴摆动严重超标；2008 年 10 月，广东惠州抽水蓄能电站在试运行时，发生发电机定转子摩擦碰撞的扫膛事故，机组发生爆炸，造成巨大经济损失；2009 年 10 月，山西西龙池抽水蓄能电站 1 号和 2 号机组在双机甩负荷实验中发生扫膛事故，机组损坏严重[17,18]。因此，水泵水轮机系统运行过程的动态特征及其稳定机理值得深入研究。

1.1.2 研究意义

水力发电系统在运行时，工作条件的改变导致系统存在不同工况点之间变化的瞬时过渡过程，这种过程称为水力发电系统瞬态过程[19]。水力发电系统瞬态过程中的振动问题不仅严重影响系统稳定性，还可能会造成水电站灾难性事故。水力发电系统由水力系统、机械系统和电气系统三大部分组成[20-22]。水力系统在瞬态过程中，由于系统内部水流惯性的影响可能引起水力振动，危害水力发电系统稳定性；机械系统中传动机构的非线性响应不利于水力发电系统稳定运行；电气方面，电力负荷的随机变化可能会破坏机械系统动态平衡造成水力发电系统的不稳定运行[23-26]。因此，综合考虑水力、机械和电气等因素对水力发电系统的耦合影响，探究其瞬态过程的动态响应和稳定性机理对水力发电系统安全稳定运行具有重要意义。

目前，针对水力发电系统各子系统进行的研究已经取得丰硕成果。然而，水力发电系统瞬态过程的动力学建模问题涉及范围较广，研究成果相对较少[27,28]。同时，水电站一线物理实验需要大量人力、物力，且难以在复杂极端工况下进行。本书通过数学建模、数值仿真和理论分析相结合的方法，实现水力发电系统瞬态耦合动力学建模，并研究系统在典型瞬态过程(开机、甩负荷和关机等)中的动力学特征和稳定性影响因素，揭示水力发电系统失稳机理和稳定条件，为系统瞬态特性分析和安全稳定调控提供有益参考。

1.2 研 究 现 状

1.2.1 水轮机调节系统动力学模型及其稳定性研究现状

水轮机调节系统是水、机、电多个子系统耦合的非线性复杂系统，包括引水系统、水轮机系统、调速器系统和发电机及其负荷系统[29,30]。

1) 引水系统

根据水击理论，引水系统的研究主要包括两种对应的数学模型。一种模型是以水击方程为基础，仅考虑管道弹性形变和水流惯性建立的弹性水击模型[31-34]。

这种模型需要求解一系列偏微分方程组，计算过程非常复杂，实际情况下往往采用数值方法简化处理，求取近似解，达到仿真研究目的。另一种模型则忽略水体和管道弹性形变，称为刚性水击模型。这种模型的假设存在局限性，仅适用于管道较短的引水系统[35,36]。

2) 水轮机系统

水轮机系统内部结构复杂且流态变化剧烈，至今未能建立精确的数学模型。目前采用的水轮机模型主要包括线性模型和非线性模型两类，其中线性模型可以用于稳态工况或小波动过渡过程的分析，非线性模型既适用于工况变化较大的过渡过程，也适用于小波动过渡过程[27,37-40]。但对于工况快速变化或往复变化的大波动过渡过程，还缺少能够准确描述其瞬态特性的水轮机数学模型。

对于小波动过渡过程的研究，目前主要采用在稳态工况点进行局部线性化处理的方法，即对水轮机稳态工况点的力矩和流量进行泰勒级数展开，通过略去二阶以上的导数项，实现线性化处理，获得水轮机调节系统的 6 个传递系数，根据动态过程的特点和研究目标，简化得到线性化基本方程组分析系统在小波动过渡过程的动态特性。

水轮机线性模型动态特性可以表示为

$$
\begin{cases}
M_t = M_t(H, N, Y) \\
Q = Q(H, N, Y)
\end{cases}
\tag{1-1}
$$

式中，M_t、Q、H、N 和 Y 分别表示水轮机力矩、水轮机流量、水轮机水头、水轮机转速和导叶开度。略去上述函数泰勒级数展开式高阶项，并将对应于参数 M_t、Q、H、N 和 Y 的相对偏差分别表示为 m_t、q、h、x 和 y。得到含有 6 个传递系数的水轮机动态表达式：

$$
\begin{cases}
m_t = e_{mx}x + e_{my}y + e_{mh}h \\
q = e_{qx}x + e_{qy}y + e_{qh}h
\end{cases}
\tag{1-2}
$$

式中，m_t、q、h、x 和 y 分别表示 M_t、Q、H、N 和 Y 的相对偏差；$e_{mx} = \partial m_t / \partial x$、$e_{my} = \partial m_t / \partial y$ 和 $e_{mh} = \partial m_t / \partial h$ 分别表示水轮机力矩相对偏差对水轮机转速相对偏差、水轮机导叶开度相对偏差和水轮机水头相对偏差的传递系数；$e_{qx} = \partial q / \partial x$、$e_{qy} = \partial q / \partial y$ 和 $e_{qh} = \partial q / \partial h$ 分别表示水轮机流量相对偏差对水轮机转速相对偏差、水轮机导叶开度相对偏差和水轮机水头相对偏差的传递系数。

在小波动过渡过程中，水轮机线性模型通常采用传递函数和微分方程组形式，该模型运用控制系统理论在频域中进行稳定性分析及各种控制器的优化设计方面取得丰富成果[41-43]。陈帝伊等[33]研究了刚性水击下水轮机调节系统的非线性动力学行为，利用滑模变结构控制方法实现水轮机调节系统的混沌控制。李超顺等[44]

建立水轮机调节系统的 T-S 模糊模型，提出基于混沌优化策略的结构和参数一体化辨识，实现了模糊模型结构的自适应优化。俞晓东等[45]考虑调压室的阻抗作用及水轮机调节系统特性，推导出水力机械小波动稳定分析状态方程，分析了调压室结构特点对系统小波动稳定性影响规律。曾云等[46]将水轮机模型转化为仿射非线性方程，通过正交分解方法将其转化为哈密顿系统，分析了系统在小波动过程中能量暂态变化规律。郭文成等[47]运用 Hopf 分岔理论研究了变顶高尾水洞水电站水轮机调节系统稳定性，分析了系统在机组负荷调节过程中的稳定性变化规律。上述模型适用于水轮机调节系统在小波动过程中的稳定性分析和控制，但对于运行参数变化剧烈，工况转换频繁的大波动过渡过程，这种简化的数学模型难以反映水轮机系统的瞬态特性，需要建立更加准确的非线性模型。

在大波动过渡过程中，水轮机运行参数变化剧烈，内部流态复杂，因此必须采用水轮机非线性模型描述其动态特性。目前，水轮机的非线性模型主要有内特性模型和外特性模型两种[48-52]。

内特性模型是由我国常近时教授创立的基于叶片式水力机械内特性解析理论和计算方法，在没有水轮机完整综合特性曲线的情况下，基于水轮机及其设备几何参数和基本结构参数，以及过渡过程初始条件，可以实现过渡过程的计算和仿真[53-55]。其中，常近时[53]基于叶片式水力机械广义基本方程，提出了水轮机内特性建模方法，由于该方法仅将水轮机内的能量损失作为水头损失处理，难以描述水轮机工况转移过程的能量变化规律，且模拟精度较低。朱艳萍等[56]利用内特性法的优势，基于模型综合特性曲线，采用统计分析方法结合水轮机理论公式，推求出水轮机内特性方程的基本参数在特性曲线上的变化规律，实现甩负荷过渡过程仿真计算。门闯社和南海鹏[57]通过对水轮机内部能量分析，结合流量动态方程实现对水轮机内特性模型改进，基于水轮机综合特性曲线进行参数辨识，将该模型应用在过渡过程仿真分析。在大波动过渡过程中系统内部流态复杂，内特性建模过程需要做出很多假设，导致模型准确性较差，工程应用不够普及。

外特性模型基于水轮机综合特性曲线外延或内插获得其他部分特性曲线，并由此获得导叶开度、水头、转速、流量等参数间的静态关系，通过推求过渡过程线获得水轮机大波动过渡过程的瞬态特性[58-61]。外特性法在工程中应用较为广泛，郑源和张健[62]通过将水轮机全特性曲线划分出不同区域，并对不同区域分别进行数值拟合，实现水轮机特性曲线拓展。邵卫云等[63]通过引入导叶相对开度获得水泵水轮机全特性变换曲线，给出可连续求导的连续性拟合函数，实现在同一过渡过程中导叶全范围的各种水力瞬变计算。程远楚等[64]用神经网络对水轮机特性进行建模，解决了插值法导数不连续问题，改善了水击计算的收敛性。黄贤荣和刘德有[65]利用径向基函数神经网络处理水轮机综合特性曲线数据，通过对离散数据进行拟合分析，结合边界约束条件预测未知区域，提高了水轮机综合特性曲线数据处理速度和精度。谭剑波等[66]利用反向传播神经网络在 MATLAB 环境下处理水轮机综合特性曲线，通过神经网络训练获得低效区流量延拓、力矩延拓仿真曲面，提高了水轮机调节系统建模精度。杨桀彬等[67]针对抽水蓄能电站采用非均匀B 样条函数重构全特性空间曲面，并在全特性空间曲面建立水泵水轮机空间曲线数学模型。陈铁军等[68]在水泵水轮机启动过程中，通过内流场和外特性研究发现非同步导叶可以阻止水泵水轮机进入水轮机制动工况区。虽然外特性法在工程中应用较为广泛，但在瞬态过程计算前需要拓展水轮机实测数据，通常依靠操作人员的经验进行拓展补充，由于其非常依赖操作人员经验性，存在明显经验缺陷。

3) 调速器系统

调速器作为水轮机的辅助设备，与水轮机相互协调，共同发展。随着自动控制理论及电子技术的进步。调速器也不断发展更新，主要有以下三个阶段：

(1) 机械液压式调速器。这种调速器通过机械液压设备实现控制动作，在调速器工作时，需要采用液压方式测量数据，根据得到的信号进行分析控制，实现调速功能。这种调速器虽然操作简单，但灵敏度和可靠性都不高，且不能实现自动化控制，在工程实际中的应用逐渐受到限制。

(2) 电气液压式调速器。这种调速器利用电气原理对各种参数进行测量，同时反馈运行结果，实现了电气信号与液压信号的相互转化，对水轮机驱动过程的调节起到优化作用。与机械液压式调速器相比，电气液压式调速器更具实用性，在反应时间、灵敏度和可靠性方面具有显著优势。

(3) 微机调速器。随着计算机技术的快速发展，以微型计算机作为调控设备的微机调速器开发成功并投入使用。这种调速器具有响应时间短、容错性强、可靠性高等优点，为系统运行性能提供保障。

4) 发电机及其负荷系统

在水轮机调节系统过渡过程分析中，考虑电子部分的复杂性，将其简化为发电机一阶模型进行研究。通过计入电网自调节系数，研究发电机力矩和电网自调节之间的关系，反映过渡过程中的动态响应。由于一阶发电机模型自身的局限性，其难以描述过渡过程中的一些动态响应。因此，美国电气电子工程师学会提出发电机高阶模型，在不同过渡过程中进行建模分析并得到广泛应用[69]。

综上所述，水轮机调节系统非线性特性及稳定性分析方面已开展了大量研究并取得很多重要成果，然而水轮机调节系统由多子系统组成，各子系统响应时间存在尺度差异，故水轮机调节系统精确动力学模型应涉及多尺度耦合效应。而且水轮机调节系统流量和力矩特性在瞬态过程中变化剧烈，传统水轮机调节系统动力学模型难以描述其瞬态特性。但到目前为止，针对水轮机调节系统多尺度动力学建模和稳定分析方面的研究成果还鲜见发表，因此对其开展深入研究具有重要意义。

1.2.2 轴系系统动力学建模研究现状

水轮发电机作为一种大型旋转机械,其轴系系统在实际运行过程中受到水力、机械和电气等因素共同作用,动力学建模与分析涉及转子动力学理论、导轴承油膜力、不平衡力动态分析等多学科交叉与融合[70-75]。

1) 转子动力学理论

转子动力学的发展历史悠久,目前已经取得较为成熟的研究成果。1919 年,英国学者 Jeffcott 教授对简单转子模型的动力学特性进行研究,该模型由一个无质量弹性轴、轴心圆盘和两个对称支撑结构组成。基于 Jeffcott 经典转子模型,转子动力学基本理论得到迅速发展。然而,在实际转子机械系统中,这种简单转子模型难以描述其复杂非线性特性。随着计算机技术发展,复杂转子机械系统的建模研究出现两种主要方法:传递矩阵法和有限元法。其中,传递矩阵法通过将系统整体结构离散成多个子单元,可以建立各个单元之间传递矩阵,利用矩阵耦合分析系统动力学特性。该方法采用的矩阵阶数不会随系统自由度增加而增加,具有计算速度快、编程简单的特点[76,77]。有限元法的表达式较为简单且物理意义清晰,在计算复杂转子系统与周围系统耦联时具有明显优势[78,79]。随着计算能力的快速发展,有限元法在转子动力学方面的应用越来越广泛。

2) 导轴承油膜力

导轴承油膜力是分析轴系系统动力学特性的基础,对轴系系统稳定性具有重要影响。Lund[80]最早提出油膜力的线性表达式,将油膜刚度和阻尼系数作为油膜动力特性系数。Muszynska[81]通过实验提出轴承动力学模型,初步揭示了一些转子机械系统中的动力学现象。通过假设轴心在静平衡附近小幅振动得到轴承动力特性系数,若静平衡位置不存在,则线性油膜力模型不再适用。由于水力发电系统的轴系主要是立式布置,其轴心运动轨迹没有静态平衡点,线性油膜力模型难以描述水力发电系统中轴系的非线性动态特性。

目前,油膜力的建模方法主要有解析法、有限差分法和数据库拟合表示法。由于解析法在分析转子系统稳定性和非线性动力学特性时具有显著优势,受到学者们普遍关注,其中徐小峰和张文[82]以短轴承支撑刚性 Jeffcott 转子系统为研究对象,利用短轴承油膜力解析表达式和仿真分析方法探究了系统非线性动力学特性。张新江等[83]建立了基于短轴承模型的弹性转子-轴承-基础系统模型,并对系统随转速和偏心质量变化的动力学特性进行分析。杨金福等[84]建立了一种新径向滑动轴承非线性动态油膜力解析模型,具有结构简单、物理概念清晰且适用范围较广的特点。王永亮和刘占生[85]针对圆瓦滑动轴承,在周向动态油膜边界条件下,通过分离变量将雷诺方程分解为类似长轴承模型方程和轴向压力方程,给出圆瓦轴承油膜压力分布近似表达式。

推力轴承也对轴系系统动态特性有显著影响。推力轴承是承担水力发电机组旋转部分重量及轴向水推力的核心部件，对于推力轴承的动力学特性，目前已经进行了大量研究工作。例如，Huebner[86]基于三维热弹流体理论，考虑流体黏温性和温度变化特性，利用有限元法和有限差分法研究了推力轴承润滑问题。随着机组负荷和轴系尺寸的逐渐增大，油膜厚度和瓦面形变影响逐渐凸显。为了更准确地计算推力轴承动力特性，马震岳和董毓新[87]考虑黏度和温度关系，利用有限元法计算轴瓦的热变和机械形变。赵红梅和董毓新[88]对刚性单点球面支撑推力轴承及托瓦支撑推力轴承分别进行了三维热弹流动力润滑计算。

3) 不平衡力动态分析

轴系系统中密封流体对系统也有激励力，当转子在密封腔中出现偏置时，流体压力不均匀引起密封力，其作用机理与轴承中油膜力相似。与导轴承相似，密封中的激励力线性模型采用具有 4 个刚度系数和 4 个阻尼系数的表达式，但其动态特性系数远小于导轴承动态特性系数。其中 Muszynska 模型是广泛采用的非线性密封力模型，与导轴承相比密封力对轴系系统动态特性影响较小[89,90]。

对于水力荷载，Schwirzer 基于反应谱方法研究了转轮上的随机水力荷载[91]。随后，马震岳和董毓新[92]基于该方法研究了水力发电机组在水力荷载下的动力学响应，并将测量荷载的时域变化加载在轴系上分析其动态特性。Rodriguez 等[93]利用实验观测，采用模态分析法探究了静止水体质量对轴系系统自振频率的影响。吴钢等[94]根据水轮机运行实例和实测结果研究转轮泄露量对水电机组抬机现象的作用规律。杨晓明等[95]基于 Muszynska 非线性密封力模型，探究了水轮机转轮密封系统非线性动力学行为，揭示迷宫密封对水轮机转轮稳定性的影响规律。

不平衡磁拉力作为影响轴系系统动态特性最重要的因素之一，广泛存在于转子机械系统中。不平衡磁拉力主要由定转子间气隙磁密不均匀引起，作用在转子上影响轴系动力学特性，严重时可能导致定转子接触碰撞[96]。在水力发电系统的轴系动力学建模过程中不可忽略不平衡磁拉力的影响。也有研究利用有限元计算与转子模型结合探究不平衡拉力对轴系系统动态特性的影响规律[97,98]。徐永和李朝晖[99]基于导轴承数据库和发电机空载特性曲线，建立了葛洲坝水轮发电机轴系系统，研究了不平衡磁拉力随定转子偏心和励磁电流改变的变化规律及其对轴系系统动力学特性的影响。陈贵清等[100]考虑转子静偏心、振动偏心及转动偏心综合作用，推求出气隙磁场能量和单边电磁拉力表达式，采用机电耦联能量法，获得系统由电磁力激发的组合强迫共振响应一次近似解。姚大坤等[101]基于不平衡磁拉力和转子偏心非线性表达式，通过简化各向同性单元盘转子系统，建立了水轮发电机转子电磁振动非线性系统。徐进友等[102]考虑凸极磁极分布对气隙磁导的影响，采用能量法推求了电磁转矩和电磁刚度表达式，建立电磁激励作用下的机电耦联扭转振动分析模型。宋志强和马震岳[103]通过引用电磁刚度表示水轮发电机转子气隙磁场能，建立了刚性和短轴承弹性支撑方式下的转子振动模型，基于李雅普诺夫振动稳定性理论，探究了电磁刚度和轴承弹性支撑在转子临界转速和偏心力影响下的振动响应。

　　上述研究在轴系系统模型建立上已经涵盖水力、机械和电气等方面影响因素，这些研究主要关注轴系系统自身在多因素作用下的非线性特性。轴系系统作为水电站系统内部子系统，在水电站运行过程中轴系系统与其他子系统间也存在复杂耦联关系，目前针对轴系系统与电站内其他子系统间耦合动力学建模的研究还十分有限。因此，尝试建立轴系系统与其他子系统耦合动力学模型并研究其相互作用机制，对水电站安全稳定运行具有重要理论价值。

1.2.3　水机电耦联瞬态过程研究现状

　　水力发电系统瞬态过程实际上是水力系统、机械系统和电气系统三方面耦联过程，在不同瞬态过程中子系统间耦联关系复杂。针对水机电耦联瞬态过程方面的研究已经取得一些初步成果。例如，沈祖诒和黄宪培[104]首次基于三阶发电机模型提出了能描述并网运行特性的水轮机调节系统模型。随后，寿梅华[105]、高慧敏和刘宪林[106]、方红庆等[107]研究了水机电耦联系统在水力、机械和电气作用下的动态响应。程远楚[108]对水机电耦联系统瞬态过程进行了较为系统的研究，给出了水力系统、机械系统与电气系统在瞬态过程中的相互作用机理。朱建国[109]通过模块化建模方法建立水轮发电机组仿真模型，包括同步电机、励磁系统、水轮机调节系统等，并对水电站水轮发电机组水机电联合动态过程进行仿真分析。束洪春和张加贝[110]基于水机电系统元件模型，通过积木式结构在 MATLAB 环境下建立水机电整体耦合系统模型，研究了水力系统与电气系统相互作用机理并分析了系统的暂态过程。郭文成等[111]基于水电站水机电系统数学模型，利用方程式推求完整的过渡过程模型试验相似律，提出了满足模型发电机同步转速要求的变频控制方法及满足电气设备电压要求的变压控制方法。吴嵌嵌等[112]建立了包括水轮机调节系统与厂房耦联结构等多个子系统耦联的非线性模型，采用有限元法建立机组轴系与厂房结构模型并研究了水机电多因素对水电站系统动态特性影响规律。Zhang 等[113]通过建立水力发电机组与厂房耦联动力学模型，在负荷突增过程中分析了机组结构的振动特性，为水力发电机组稳定性研究和故障诊断提供了合理的分析模型和方法。此外，本课题组成员也在水机电耦联瞬态过程研究中取得一些重要成果。例如，Xu 等[15]利用水力不平衡力实现水机电三子系统耦合，给出轴系一阶振动模态激发二阶模态的振动机理，为水力发电系统故障诊断提供理论参考。Li 等[28]通过正交分解法，建立水轮机调节系统哈密顿模型，并在负荷突增过程中分析了系统内部能量变化规律。

　　综上所述，虽然国内外已经在水机电耦联瞬态建模及稳定性分析方面进行了大量研究并取得了丰硕成果，但截至目前，关于水轮机调节系统与轴系系统在瞬态过程耦合动力学建模与分析的研究还十分有限[27,28]。水轮机调节系统与轴系系统瞬态特性复杂且耦联关系密切。因此，尝试从水轮机调节系统和轴系系统角度出发，建立两者瞬态过程耦合动力学模型并分析其稳定机理是研究水力发电系统安全稳定运行的新途径。

1.3　本书主要研究内容

　　1) 水轮机调节系统瞬态建模与动力学分析

　　(1) 分别针对水轮机调节系统甩负荷、突增负荷、突减负荷及开机过渡过程，引入动态传递系数，建立适用于各个过渡过程的水轮机调节系统瞬态非线性动力学模型。对比分析验证所建非线性模型的可靠性。基于非线性动力学理论，利用分岔图、时域图与相轨迹图等进行系统动力学稳定性分析。

　　(2) 为了更加准确地描述水轮机调节系统在瞬态过程的动态特性，先改进水轮机调节系统瞬态力矩和流量表达式，针对甩负荷过渡过程建立可以反映水轮机调节系统瞬态特性的动力学模型。然后利用数值模拟分析导叶直线关闭和折线关闭规律对水轮机调节系统瞬态特性影响规律，揭示导叶折线关闭规律中折点设置对水轮机调节系统瞬态水头、转速和流量等影响规律。

　　(3) 以一管多机布置方式水力发电系统为研究对象，考虑多机组系统在过渡过程中的动态运行特性，基于模块化建模方法，建立一管多机水力发电系统大波动暂态非线性数学模型。结合非线性动力学理论与工程实际，分析大波动暂态工况下系统动态特性及管道水力特性，得到转速、水头和力矩等关键影响指标的动态响应。

　　2) 水轮机调节系统多尺度耦合建模与稳定性分析

　　(1) 水轮机调节系统由水力、机械和电气三个子系统组成，各子系统响应存在时间尺度差异，故水轮机调节系统精确数学模型应涉及多时间尺度耦合效应。为了研究多时间尺度对水轮机调节系统动态特性及稳定性的影响。首先，考虑机械系统由于惯性和机械间隙影响，其响应动作时间慢于其他两个子系统。其次，通过引入标度因子将机械系统标度为慢子系统，建立存在多时间尺度耦合水轮机调节系统动力学模型。

　　(2) 建立水轮机调节系统多时间尺度和多频率尺度耦合动力学模型，利用数值模拟分别探究标度因子、周期激励强度和频率对系统动态特性的影响，给出多尺度耦合效应下系统稳定性条件。在此基础上，尝试研究水轮机调节系统中高频小幅振荡和低频大幅振荡交替出现的簇发振荡现象，并给出减弱或避免簇发的振荡方法，改善水轮机调节系统瞬态运行特性。

3) 水力发电系统广义哈密顿建模与能量流分析

(1) 针对不同布置形式的水力发电系统，利用广义哈密顿理论描述系统能量特性的优越性，通过正交分解实现等方法，分别建立包含水轮机及其引水系统和发电机的单机单管，一管多机水力发电系统暂态哈密顿模型。首先，分别从理论推导和数值模拟验证所建模型的系统能量流变化与实际物理系统的一致性及正确性，有效描述暂态过程的能量特性；其次，探究水力发电机组在突增、突减负荷瞬态工况下的典型运行参数，如流量、转速和功角等变化规律。

(2) 变顶高尾水洞水电站的特殊结构导致其存在明满流过渡现象且受到多种不确定性因素影响，故与常规水电站相比，变顶高尾水洞水电站系统瞬态稳定性更加复杂。为了从系统整体角度探究变顶高尾水洞水电站系统瞬态能量流特性及稳定性机理，尝试在广义哈密顿理论框架下对变顶高尾水洞水电站进行瞬态能量流分析。首先，利用正交分解法将变顶高尾水洞水电站系统转化为哈密顿系统形式，通过矩阵分解探究系统能量耗散与供给的影响因素及系统内部关联机制。其次，采用数值模拟分别分析了系统在无负荷扰动、阶跃负荷扰动和随机负荷扰动下的能量变化规律。

4) 水泵水轮机系统随机动力学建模与稳定性分析

(1) 水泵水轮机系统实际运行中，由于机组负荷和水力激励的随机性，很难建立能描述水泵水轮机系统瞬态特性的数学模型。为了探究水泵水轮机系统在随机负荷扰动下的动力学特征和稳定性条件，在压力管道弹性水击效应下，先在发电工况下建立水泵水轮机系统动力学模型，然后引入一组高斯白噪声模拟机组负荷随机变化，分析了随机负荷扰动下比例积分(proportional integral, PI)控制器参数对系统动态响应影响规律。

(2) 水泵水轮机系统在甩负荷进入反 S 区过渡过程中，工况往复变化导致压力管道内水流惯性存在随机变化。为了研究水泵水轮机系统甩负荷进入反 S 区时，压力管道内水流惯性随机变化对系统瞬态特性的影响规律，采用切比雪夫多项式逼近方法建立水泵水轮机系统在甩负荷过渡过程的随机动力学模型，利用数值模拟分析了压力管道内水流惯性的随机变化与系统动态特性的演变规律并得到反 S 区特性曲线对系统稳定性的影响，给出特性曲线斜率、摩阻损失、水流惯性及转动惯量对系统飞逸工况点稳定性的影响。

水力发电系统瞬态动力学建模及其稳定性研究是一个非常复杂且多学科交叉的课题。随着我国水电行业的快速发展，在"建设与运行并重"理念指导下，对水力发电系统安全稳定高效运行提出更新、更高的要求。因此，研究水力发电系统在水力、机械、电气等多尺度耦合因素影响下的非线性动力学特性，揭示随机负荷扰动和水力激励下水力发电系统能量流动规律，形成水机电多子系统耦合瞬态建模理论和方法体系，为今后水力发电系统瞬态特性分析和安全稳定调控提供有益参考，对我国水电资源开发和利用具有重要意义。

参 考 文 献

[1] 张博庭. 我国水电发展迎来重大政策利好[J]. 水电与新能源, 2018, 32(1): 1-4.

[2] 徐志, 马静, 贾金生, 等. 水能资源开发利用程度国际比较[J]. 水利水电科技进展, 2018, 38(1): 63-67.

[3] 汪宁渤, 马明, 强同波, 等. 高比例新能源电力系统的发展机遇、挑战及对策[J]. 中国电力, 2018, 51(1): 29-35.

[4] XU B B, JUN H B, CHEN D Y, et al. Stability analysis of a hydro-turbine governing system considering inner energy losses[J]. Renewable Energy, 2019, 134: 258-266.

[5] YAN D L, WANG W Y, CHEN Q J. Nonlinear modeling and dynamic analyses of the hydro-turbine governing system in the load shedding transient regime[J]. Energies, 2018, 11: 1244.

[6] 鲍海艳, 杨建东, 李进平, 等. 基于水电站运行稳定性的调压室设置条件探讨[J]. 水力发电学报, 2011, 30(2): 44-48,83.

[7] LI H H, CHEN D Y, ZHANG H, et al. Nonlinear modeling and dynamic analysis of a hydro-turbine governing system in the process of sudden load increase transient[J]. Mechanical Systems and Signal Processing, 2016, 80: 414-428.

[8] GUO W C, YANG J D. Dynamic performance analysis of hydro-turbine governing system considering combined effect of downstream surge tank and sloping ceiling tailrace tunnel[J]. Renewable Energy, 2018, 129: 638-651.

[9] 陶星明, 吴新润. 岩滩电厂楼板强振问题的分析[J]. 大电机技术, 2004(1): 35-40.

[10] 胡瑞林, 陈朝禄, 刘全保. 铜街子电站 11 号机组异常振动试验及处理[J]. 水电站机电技术, 2000(4): 22-28.

[11] 杨建东, 赵琨, 李玲, 等. 浅析俄罗斯萨扬–舒申斯克水电站 7 号和 9 号机组事故原因[J]. 水力发电学报, 2011, 30(4): 226-234.

[12] 郭敏晓. "十四五" 能源转型为抽水蓄能发展创造有利条件[J]. 中国能源, 2021, 43(1): 12-16.

[13] 费万堂, 赵利军, 矫镕达, 等. 河北丰宁大型抽水蓄能电站运维模式探讨[J]. 水与抽水蓄能, 2020, 6(6): 1-4.

[14] VAGNONI E, ANDOLFATTO L, GUILLAUME R, et al. Interaction of a rotating two-phase flow with the pressure and torque stability of a reversible pump-turbine operating in condenser mode[J]. International Journal of Multiphase Flow, 2019, 111: 112-121.

[15] XU B B, CHEN D Y, BEHRENS P, et al. Modeling oscillation modal interaction in a hydroelectric generating system[J]. Energy Conversion and Management, 2018, 174: 208-217.

[16] KIM K, KIM J, KIM H. Improving the reliability of pumped-storage power plants in the operational phases using data mining algorithms[J]. KSCE Journal of Civil Engineering, 2018, 22(12): 4771-4778.

[17] 陈喜阳. 水电机组状态检修中若干关键技术研究[D]. 武汉: 华中科技大学, 2005.

[18] 魏炳漳, 姬长青.高速大容量发电电动机转子的稳定性——惠州抽水蓄能电站 1 号机转子磁极事故的教训[J]. 水力发电, 2010, 36(9): 57-60.

[19] 赵桂连. 水电站水机电联合过渡过程研究[D]. 武汉: 武汉大学, 2004.

[20] 李雷, 张昌兵, 唐巍. 水力发电系统面向对象建模与运行特性分析[J]. 四川大学学报(工程科学版), 2015,47(S1): 24-30.

[21] LI C S, MAO Y F, YANG J D, et al. A nonlinear generalized predictive control for pumped storage unit[J]. Renewable Energy, 2017, 114: 945-959.

[22] CHEN D Y, DING C, DO Y H, et al. Nonlinear dynamic analysis for a Francis hydro-turbine governing system and its control[J]. Journal of the Franklin Institute-Engineering and Applied Mathematics, 2014, 351(9): 4596-4618.

[23] AVDYUSHENKO A Y, CHERNY S G, CHIRKOV D V, et al. Numerical simulation of transient processes in hydroturbines[J]. Thermophysics and Aeromechanics, 2013, 20(5): 577-593.

[24] PICO H V, MCCALLEY J D, ANGEL A, et al. Analysis of very low frequency oscillations in hydro-dominant power systems using multi-unit modeling[J]. IEEE Transactions Power Systems, 2012, 27(4): 1906-1915.

[25] 许贝贝. 水力发电系统分数阶动力学模型与稳定性[D]. 杨凌: 西北农林科技大学, 2017.

[26] FORTIN M, HOUDE S, DESCHENES C. A hydrodynamic study of a propeller turbine during a transient runaway event initiated at the best efficiency point[J]. Journal of Fluids Engineering, 2018, 140(12): 121103.

[27] XU B B, CHEN D Y, ZHANG H, et al. Shaft mis-alignment induced vibration of a hydraulic turbine generating system considering parametric uncertainties[J]. Journal of Sound and Vibration, 2018, 435: 74-90.

[28] LI H H, CHEN D Y, ZHANG H, et al. Hamiltonian analysis of a hydro-energy generation system in the transient of sudden load increasing[J]. Applied Energy, 2017, 185: 244-253.

[29] 沈祖诒. 水轮机调速系统分析[M]. 北京: 中国水利水电出版社, 1996.

[30] 魏守平. 水轮机调节[M]. 武汉: 华中科技大学出版社, 2009.

[31] GUO W C, YANG J D, CHEN J P, et al. Nonlinear modeling and dynamic control of hydro-turbine governing system with upstream surge tank and sloping ceiling tailrace tunnel[J]. Nonlinear Dynamics, 2016, 84(3): 1383-1397.

[32] 凌代俭, 陶阳, 沈祖诒. 考虑弹性水击效应时水轮机调节系统的 Hopf 分岔分析[J]. 振动工程学报, 2007, 20(4): 374-379.

[33] 陈帝伊, 杨朋超, 马孝义, 等.水轮机调节系统的混沌现象分析与控制[J]. 中国电机工程学报, 2011, 31(14): 113-120.

[34] XU B B, CHEN D Y, ZHANG H, et al. Modeling and stability analysis of a fractional-order Francis hydro-turbine governing system[J]. Chaos Solitons Fractals, 2015, 75: 50-61.

[35] GAO X, CHEN D Y, ZHANG H, et al. Nonlinear fast-slow dynamics of a coupled fractional order hydropower generation system[J]. Chinese Physics B, 2018, 27(12): 615-623.

[36] LI C S, CHANG L, HUANG Z J, et al. Parameter identification of a nonlinear model of hydraulic turbine governing system with an elastic water hammer based on a modified gravitational search algorithm[J]. Engineering Applications of Artificial Intelligence, 2016, 50: 177-191.

[37] 陈帝伊, 郑栋, 马孝义, 等. 混流式水轮机调节系统建模与非线性动力学分析[J]. 中国电机工程学报, 2012, 32(32): 116-123.

[38] ZENG Y, ZHANG L X, GUO Y K, et al. The generalized hamiltonian model for the shafting transient analysis of the hydro turbine generating sets[J]. Nonlinear Dynamics, 2014, 76(4): 1921-1933.

[39] PENG Z Y, GUO W C. Saturation characteristics for stability of hydro-turbine governing system with surge tank[J]. Renewable Energy, 2019, 131: 318-332.

[40] ZHANG H, CHEN D Y, GUO P C, et al. A novel surface-cluster approach towards transient modeling of hydro-turbine governing systems in the start-up process[J]. Energy Conversion and Management, 2018, 165: 861-868.

[41] 郭文成, 杨建东, 陈一明, 等.考虑压力管道水流惯性和调速器特性的调压室临界稳定断面研究[J]. 水力发电学报, 2014, 33(3): 171-178.

[42] XU B B, YAN D L, CHEN D Y, et al. Sensitivity analysis of a Pelton hydropower station based on a novel approach of turbine torque[J]. Energy Conversion and Management, 2017, 148: 785-800.

[43] ZHANG H, CHEN D Y, WU C Z, et al. Dynamic modeling and dynamical analysis of pump-turbines in S-shaped regions during runaway operation[J]. Energy Conversion and Management, 2017, 138: 375-382.

[44] 李超顺, 周建中, 安学利, 等. 基于 T-S 模糊模型的水轮机调节系统辨识[J]. 武汉大学学报(工学版), 2010, 43(1): 108-111.

[45] 俞晓东, 张健, 苗帝, 等. 尾水岔管在调压室后交汇的水电站小波动稳定分析[J]. 水利学报, 2014, 45(4): 458-466.

[46] 曾云, 王煜, 张成立. 非线性水轮发电机组哈密顿系统研究[J]. 中国电机工程学报, 2008, 28(29): 88-92.

[47] 郭文成, 杨建东, 王明疆. 基于 Hopf 分岔的变顶高尾水洞水电站水轮机调节系统稳定性研究[J]. 水利学报, 2016, 47(2): 189-199.

[48] TRIVEDI C, CERVANTES M J, DAHLHAUG O G. Numerical techniques applied to hydraulic turbines: A perspective review[J]. Applied Mechanics Reviews, 2016, 68(1): 010802.

[49] 黄贤荣. 水电站过渡过程计算中的若干问题研究[D]. 南京: 河海大学, 2006.

[50] 李小芹, 常近时, 李长胜, 等. 抽水蓄能电站中球阀协同导叶关闭的水力瞬变过程控制方式[J]. 水利学报, 2014, 45(2): 220-226.

[51] AGGIDIS G A, ZIDONIS A. Hydro turbine prototype testing and generation of performance curves: Fully automated approach[J]. Renewable Energy, 2014, 71: 433-441.

[52] NOVARA D, MCNABOLA A. A model for the extrapolation of the characteristic curves of pumps as turbines from a datum best efficiency point[J]. Energy Conversion and Management, 2018, 174: 1-7.

[53] 常近时. 水轮机全特性曲线及其特征工况点的理论确定法[J]. 北京农业工程大学学报, 1995, 15(4): 77-83.

[54] 邵卫云. 含导叶不同步装置的水泵水轮机全特性的内特性解析[J]. 水力发电学报, 2007, 26(6): 116-119.

[55] 李卫县, 孙美凤. 基于水轮机内特性的过渡过程计算[J]. 吉林水利, 2008(4): 31-35.

[56] 朱艳萍, 时晓燕, 周凌九. 基于内特性法的水轮机完整综合特性曲线[J]. 中国农业大学学报, 2006, 11(5): 88-91.

[57] 门闯社, 南海鹏. 混流式水轮机内特性模型改进及在外特性曲线拓展中的应用[J]. 农业工程学报, 2017, 33(7): 58-66.

[58] 刘宪林, 高慧敏. 水轮机传递系数计算方法的比较研究[J]. 郑州大学学报(工学版), 2003, 24(4): 1-5.

[59] 门闯社, 南海鹏, 吴罗长, 等. 水电站过渡过程计算中水轮机模型单点迭代求解方法及其收敛性研究[J]. 水力发电学报, 2015, 34(8): 97-102.

[60] 常江, 陈光大. 轴流转桨式水轮机神经网络建模与非线性仿真[J]. 中国农村水利水电, 2004(7): 82-85.

[61] QIAN J, ZENG Y, GUO Y K, et al. Reconstruction of the complete characteristics of the hydro turbine based on inner energy loss[J]. Nonlinear Dynamics, 2016, 86(2): 963-974.

[62] 郑源, 张健. 水力机组过渡过程[M]. 北京: 北京大学出版社, 2008.

[63] 邵卫云, 毛根海, 刘国华.基于曲面拟合的水泵水轮机全特性曲线的新变换[J]. 浙江大学学报(工学版), 2004, 38(3): 385-388.

[64] 程远楚, 叶鲁卿, 蔡维由. 水轮机特性的神经网络建模[J]. 华中科技大学学报(自然科学版), 2003, 31(6): 68-70.

[65] 黄贤荣, 刘德有. 利用径向基函数神经网络出力水轮机综合特性曲线[J]. 水力发电学报, 2007, 26(1): 114-118.

[66] 谭剑波, 把多铎, 高立明, 等. 基于 BP 神经网络的水轮机综合特性建模仿真[J]. 中国农村水利水电, 2010(3): 140-142.

[67] 杨桀彬, 杨建东, 王超. 基于空间曲面的水泵水轮机机组数学模型及仿真[J]. 水力发电学报, 2013, 32(5): 244-250.

[68] 陈铁军, 郭鹏程, 左志钢, 等. 非同步导叶预开启开度对水泵水轮机启动过程影响[J]. 水力发电学报, 2015, 34(1): 203-206.

[69] IEEE Working Group. Hydraulic turbine and turbine control model for system dynamic studies[J]. Transactions on Power Systems, 1992, 7(1): 167-179.

[70] 王正伟, 喻疆, 方源, 等. 大型水轮发电机组转子动力学特性分析[J]. 水力发电学报, 2005, 24(4): 62-66.

[71] 张雷克, 马震岳. 不平衡磁拉力作用下水轮发电机组转子系统碰摩动力学分析[J]. 振动与冲击, 2013, 32(8): 48-54.

[72] SONG Z Q, LIU Y X. Investigation of bending-torsional coupled vibration of hydro generators rotor-bearing system considering electromagnetic stiffness[J]. Journal of Hydroelectric Engineering, 2014, 33(6): 224-231.

[73] 党建, 何洋洋, 贾嵘, 等. 水轮发电机组非平稳振动信号的检测与故障诊断[J]. 水利学报, 2016, 47(2): 173-179.

[74] ZHANG L, MA Z, WU Q, et al. Vibration analysis of coupled bending-torsional rotor-bearing system for hydraulic generating set with rub-impact under electromagnetic excitation[J]. Archive of Applied Mechanics, 2016, 86(9): 1665-1679.

[75] YAN S Q, ZHOU J Z, ZHENG Y, et al. An improved hybrid backtracking search algorithm based T-S fuzzy model and its implementation to hydroelectric generating units[J]. Neurocomputing, 2018, 275: 2066-2079.

[76] LUND J W. Stability and damped critical speeds of a flexible rotor in fluid-film bearings[J]. Journal of Engineering for Industry, 1974, 96(2): 509-517.

[77] 李郁侠, 吴子英, 原大宁, 等. 基于传递矩阵法的大型水轮发电机组主轴系统非线性瞬态响应数学模型[J]. 水利水电技术, 2002, 33(7): 21-23.

[78] CARDINALI R, NORDMANN R, SPERBER A. Dynamic simulation of non-linear models of hydroelectric machinery[J]. Mechanical Systems and Signal Processing, 1993, 7(1): 29-44.

[79] GADANGI R K, PALAZZOLO A B, KIM J. Transient analysis of plain and tilt pad journal bearing including fluid film temperature effects[J]. Journal of Tribology, 1996, 118(2): 423-430.

[80] LUND J W. Spring and damping coefficients for the tilting-pad journal bearing[J]. ASLE Transactions, 1964, 7(4): 342-352.

[81] MUSZYŃSKA A. Rotordynamics[M]. London: Taylor & Francis Group, 2005.

[82] 徐小峰, 张文. 一种非稳态油膜力模型下刚性转子的分岔和混沌特性[J]. 振动工程学报, 2000, 13(2): 247-253.

[83] 张新江, 武新华, 夏松波, 等. 弹性转子-轴承-基础系统的非线性振动研究[J]. 振动工程学报, 2001, 14(2): 228-232.

[84] 杨金福, 杨昆, 付忠广, 等. 滑动轴承非线性动态油膜力的解析模型研究[J]. 润滑与密封, 2007, 32(9): 68-72.

[85] 王永亮, 刘占生. 圆瓦滑动轴承油膜力近似解析模型[J]. 中国电机工程学报, 2011, 31(29): 110-117.

[86] HUEBNER K H. A three-dimensional thermohydrodynamic analysis of sector thrust bearings[J]. ASLE Transactions, 1974, 17(1): 62-73.

[87] 马震岳, 董毓新. 推力轴承油膜刚度的二维热弹流动力润滑计算[J]. 大连理工大学学报, 1990, 30(2): 205-212.

[88] 赵红梅, 董毓新. 水力发电机托瓦支撑推力轴承润滑计算[J]. 大电机技术, 1994(1): 8-12.

[89] 张雷克, 马震岳, 宋兵伟. 水轮发电机组在不平衡磁拉力及密封力下振动特性分析[J]. 水电能源科学, 2010, 28(9): 117-120.

[90] 李松涛, 许庆余, 万方义. 迷宫密封转子系统非线性动力学稳定性的研究[J]. 应用力学学报, 2002, 19(2): 27-30.

[91] 马震岳, 董毓新. 水力载荷作用下水电机组的动力响应[J]. 水力发电学报, 1990(2):31-48.

[92] 马震岳, 董毓新. 水轮发电机组动力学[M]. 大连: 大连理工大学出版社, 2003.

[93] RODRIGUEZ C G, EGUSQUIZA E, ESCALER X, et al. Experimental investigation of added mass effects on a Francis turbine runner in still water[J]. Journal of Fluids and Structures, 2006, 22(5): 699-712.

[94] 吴钢, 张克危, 戴勇峰, 等. 低比转速转轮泄漏量对水电机组抬机的影响[J]. 水力发电学报, 2004, 23(4): 106-111.

[95] 杨晓明, 马震岳, 张振国. 水轮机迷宫密封系统非线性动力稳定性研究[J]. 大连理工大学学报, 2007, 47(1): 95-100.

[96] 黄志伟, 周建中, 寇攀高, 等. 水轮发电机组轴系非线性电磁振动特性分析[J]. 华中科技大学学报(自然科学版), 2010, 38(7): 20-24.

[97] KARISSON M, AIDANPAA J O, PERERS R, et al. Rotor dynamic analysis of an eccentric hydropower generator with damper, winding for reactive load[J]. Journal of Applied Mechanics, 2007, 74(6): 1178-1186.

[98] GUSTAVSSON R K, AIDANPAA J O. The influence of nonlinear magnetic pull on hydropower generator rotors[J]. Journal of Sound and Vibration, 2006, 297(3-5): 551-562.

[99] 徐永, 李朝晖. 利用发电机空载特性曲线的不平衡磁拉力分析方法[J]. 大电机技术, 2012(2): 1-5.

[100] 陈贵清, 董保珠, 邱家俊. 电磁作用激发的水电机组转子轴系振动研究[J]. 力学季刊, 2010, 31(1): 108-112.

[101] 姚大坤, 邹经湘, 黄文虎, 等. 水轮发电机转子偏心引起的非线性电磁振动[J]. 应用力学学报, 2006, 23(3): 334-337.

[102] 徐进友, 刘建平, 宋轶民, 等. 考虑电磁激励的水轮发电机组扭转振动分析[J]. 天津大学学报, 2008, 41(12): 1411-1416.

[103] 宋远强, 马震岳. 考虑不平衡电磁拉力的偏心转子非线性振动分析[J]. 振动与冲击, 2010, 29(8): 169-173.

[104] 沈祖诒, 黄宪培. 通过长输电线与电网并列运行水轮机的控制[J]. 水力发电学报, 1989, 26(3): 77-86.

[105] 寿梅华. 有调压井的水轮机调节问题[J]. 水利水电技术, 1991(7): 28-35.

[106] 高慧敏, 刘宪林. 基于详细水机电模型的水电系统动态过程仿真[J]. 系统仿真学报, 2003, 15(4): 469-471.

[107] 方红庆, 陈龙, 沈祖诒, 等. 基于面向对象技术的水电站数字仿真[J]. 扬州大学学报(自然科学版), 2003, 6(4): 64-67.

[108] 程远楚. 水电机组智能控制策略与调速励磁协调控制的研究[D]. 武汉: 华中科技大学, 2002.

[109] 朱建国. 水轮发电机组水机电联合动态过程仿真建模研究[J]. 水力发电, 2008, 34(5): 43-45.

[110] 束洪春, 张加贝. 水机电耦合系统建模及暂态分析[J]. 电力系统自动化, 2008, 32(13): 26-30.

[111] 郭文成, 杨建东, 杨威嘉. 水电站水机电联合过渡过程模型试验相似律的研究[J]. 大电机技术, 2014(1): 48-51.

[112] 吴嵌嵌, 张雷克, 马震岳. 水电站水机电-结构系统动力耦联模型研究及数值模拟[J]. 振动与冲击, 2017, 36(16): 1-10.

[113] ZHANG L K, WU Q Q, MA Z Y, et al. Transient vibration analysis of unit-plant structure for hydropower station in sudden load increasing process[J]. Mechanical Systems and Signal Processing, 2019, 120: 486-504.

第 2 章　水力发电系统瞬态建模与动力学分析

2.1　引　　言

　　水力发电系统在瞬态过程中受到水力振动、机械振动和随机负荷扰动等影响导致其动态特性异常复杂[1-4]。为了准确地描述水力发电系统瞬态过程中的动态特性，本章主要以水轮机调节系统为对象研究。首先，引入动态传递系数改进水轮机调节系统瞬态力矩和流量表达式，针对甩负荷、突减负荷、突增负荷与开机四个典型过渡过程建立反映水轮机调节系统瞬态特性的动力学模型。其次，通过数值模拟分析各工况下系统的非线性动力学特性和系统参数变化规律。最后，针对一管多机布置方式的水力发电系统，分析了大波动暂态工况下系统动态特性及管道水力特性，给出转速、水头和力矩等关键影响指标的动态响应。

2.2　水轮机调节系统过渡过程瞬态建模与动力学分析

2.2.1　水轮机调节系统数学模型

1. 线性化数学模型

混流式水轮机调节系统的结构如图 2-1 所示。

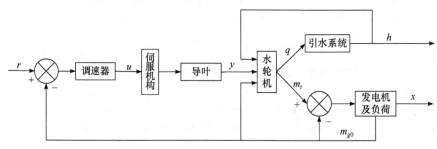

图 2-1　混流式水轮机调节系统结构图[5]

r-频率参考输入；*u*-调速器输出信号；m_{g0}-负荷扰动

对于混流式水轮机，其动态特性可以表达为[6]

$$\begin{cases} M_t = M_t(H,N,Y) \\ Q = Q(H,N,Y) \end{cases}$$

(2-1)

式中，M_t 为水轮机力矩，N·m；Q 为水轮机流量，m³/s；H 为水轮机工作水头，m；N 为转速，r/min；Y 为导叶开度。M_t、Q、H、N、Y 的相对偏差分别表示为 m_t、q、h、x 和 y，对式(2-1)进行泰勒一阶展开，得

$$\begin{cases} \dfrac{M_t - M_{t0}}{M_{tR}} = \dfrac{\partial \dfrac{M_t}{M_{tR}}}{\partial \dfrac{N}{N_R}} \dfrac{N - N_0}{N_R} + \dfrac{\partial \dfrac{M_t}{M_{tR}}}{\partial \dfrac{Y}{Y_{max}}} \dfrac{Y - Y_0}{Y_{max}} + \dfrac{\partial \dfrac{M_t}{M_{tR}}}{\partial \dfrac{H}{H_R}} \dfrac{H - H_0}{H_R} \\[6mm] \dfrac{Q - Q_0}{Q_R} = \dfrac{\partial \dfrac{Q}{Q_R}}{\partial \dfrac{N}{N_R}} \dfrac{Y - Y_0}{N_R} + \dfrac{\partial \dfrac{Q}{Q_R}}{\partial \dfrac{Y}{Y_{max}}} \dfrac{Y - Y_0}{Y_{max}} + \dfrac{\partial \dfrac{Q}{Q_R}}{\partial \dfrac{H}{H_R}} \dfrac{Y - Y_0}{H_R} \end{cases} \quad (2\text{-}2)$$

式中，N 表示水轮机转速；下标 0 表示水轮机的稳定工况；下标 R 表示水轮机的额定工况；下标 max 表示最大值。

式(2-2)可以化简为

$$\begin{cases} \dfrac{M_t}{M_{tR}} = \dfrac{\partial m_t}{\partial x} \dfrac{N - N_0}{N_R} + \dfrac{\partial m_t}{\partial y} \dfrac{Y - Y_0}{Y_{max}} + \dfrac{\partial m_t}{\partial h} \dfrac{H - H_0}{H_R} \\[4mm] \dfrac{Q}{Q_R} = \dfrac{\partial q}{\partial x} \dfrac{Y - Y_0}{N_R} + \dfrac{\partial q}{\partial y} \dfrac{Y - Y_0}{Y_{max}} + \dfrac{\partial q}{\partial h} \dfrac{Y - Y_0}{H_R} \end{cases} \quad (2\text{-}3)$$

式中，$\dfrac{\partial m_t}{\partial x} = \dfrac{\partial \dfrac{M_t}{M_{tR}}}{\partial \dfrac{N}{N_{max}}}$；$\dfrac{\partial m_t}{\partial y} = \dfrac{\partial \dfrac{M_t}{M_{tR}}}{\partial \dfrac{Y}{Y_{max}}}$；$\dfrac{\partial m_t}{\partial h} = \dfrac{\partial \dfrac{M_t}{M_{tR}}}{\partial \dfrac{H}{H_{max}}}$；$\dfrac{\partial q}{\partial x} = \dfrac{\partial \dfrac{Q}{Q_R}}{\partial \dfrac{N}{N_{max}}}$；$\dfrac{\partial q}{\partial y} = \dfrac{\partial \dfrac{Q}{Q_R}}{\partial \dfrac{Y}{Y_{max}}}$；

$\dfrac{\partial q}{\partial h} = \dfrac{\partial \dfrac{Q}{Q_R}}{\partial \dfrac{H}{H_{max}}}$。

将式(2-3)继续化简，可以得到基于传递系数表达的水轮机模型为

$$\begin{cases} m_t = e_{mx}x + e_{my}y + e_{mh}h \\ q = e_{qx}x + e_{qy}y + e_{qh}h \end{cases} \quad (2\text{-}4)$$

式中，$e_{mx} = \partial m_t/\partial x$、$e_{my} = \partial m_t/\partial y$、$e_{mh} = \partial m_t/\partial h$ 分别为水轮机力矩相对偏差对转速相对偏差、导叶开度相对偏差和水轮机水头相对偏差的传递系数；$e_{qx} = \partial q/\partial x$、$e_{qy} = \partial q/\partial y$、$e_{qh} = \partial q/\partial h$ 分别为水轮机流量相对偏差对转速相对偏差、导叶开度相对偏差和水轮机水头相对偏差的传递系数；x、y、h、q、m_t 分别为机组转速相对偏差、导叶开度相对偏差、机组水头相对偏差、流量相对偏差和水轮机输出力矩相

对偏差。基于传递系数表达的水轮机模型如图 2-2 所示[7,8]。

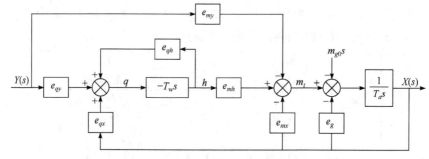

图 2-2　基于传递系数表达的水轮机模型

X-输出；s-传递函数变量

因此，可将水轮机调节系统写成如下一阶线性微分方程组[2]：

$$\begin{cases} \dot{x} = -\dfrac{e_{mx}-e_n}{T_{ab}}x + \dfrac{e_{my}}{T_{ab}}y + \dfrac{e_{mh}}{T_{ab}}h - \dfrac{1}{T_{ab}}m_{g0} \\[3mm] \dot{y} = \dfrac{1}{T_y}\left(u-y\right) \\[3mm] \dot{h} = \dfrac{e_n e_{qx}}{e_{qh}T_{ab}}x + \left(\dfrac{e_{qy}}{e_{qh}T_y} - \dfrac{e_{qx}e_{my}}{e_{qh}T_{ab}}\right)y - \left(\dfrac{e_{qx}e_{mh}}{e_{qh}T_{ab}} + \dfrac{1}{e_{qh}T_w}\right)h - \dfrac{e_{qy}}{e_{qh}T_y}u + \dfrac{e_{qx}}{e_{qh}T_{ab}}m_{g0} \end{cases}$$

(2-5)

式中，T_y 为接力器反应时间常数，s；$T_{ab}=T_a+T_b$，T_a 和 T_b 分别为机组和负荷中转动部分的惯性时间常数，s；e_n 为综合自调节系数；m_{g0} 为负荷扰动；u 为调速器输出信号；T_w 为水流惯性时间常数。

2. 水轮机动态传递系数的非线性表达式

目前，水轮机传递系数的计算方法主要分三种：外特性法、内特性法及简易解析法。本部分以混流式水轮机调节系统为对象，采用内特性法分析甩负荷过渡过程中，各个传递系数与时间 t 的非线性关系[9]。

混流式水轮机有名值稳态基本方程式为

$$Q = \left(\dfrac{\Omega r^2 + \dfrac{9.8\eta H}{\Omega}}{\dfrac{\coth \alpha}{2\pi b_0} + r\dfrac{\cot \beta_0}{F}}\right)$$

(2-6)

$$M_t = Q\left[\left(\frac{\cot\alpha}{2\pi b_0} + r\frac{\cot\beta_0}{F}\right)Q - \Omega r^2\right] \tag{2-7}$$

式中，H 为水轮机工作水头，m；M_t 为水轮机力矩，N·m；Ω 为发电机角速度，rad/s；Q 为水轮机流量，m³/s；α 为导叶出流角，rad；b_0 为导叶高度，m；F 为转轮出口面积，m²；r 为转轮中间流面半径，m；β_0 为转轮中间流面出口角，rad；η 为水轮机效率。

将式(2-6)和式(2-7)在工作点处线性化并标幺化，得到基于水轮机内特性法描述的传递系数计算公式：

$$\begin{cases} e_{qy} = \dfrac{a}{1+a-c} \cdot \dfrac{q_0^2 \csc^2\alpha_0}{\omega_0} \cdot \dfrac{Y_R Q_R}{2\pi b_t r^2 k_0 \Omega_R} \\[2mm] e_{qx} = \dfrac{a-1}{1+a-c} \cdot \dfrac{q_0}{\omega_0} \\[2mm] e_{qh} = \dfrac{1}{1+a-c} \cdot \dfrac{q_0}{h_0} \\[2mm] e_{my} = b e_{qy} \\[2mm] e_{mx} = b e_{qx} - \dfrac{m_{t0}}{\omega_0} \\[2mm] e_{mh} = b e_{qh} + \dfrac{m_{t0}}{h_0} \end{cases} \tag{2-8}$$

式中，$a = \dfrac{\omega^2}{\eta h} \cdot \dfrac{r^2 \Omega_R^2}{9.81 H_R}$，$\omega$ 为发电机角速度标幺值；$b = (1+c)\dfrac{m_t}{q}$；$c = \dfrac{2q_0(q - q_*)Q_R^2}{2d\eta_0 - (q_0 - q_*)^2 Q_R^2}$；$r = 0.353 D_1$；$k_0 = \left(\dfrac{\mathrm{d}y}{\mathrm{d}\alpha}\right)_0$。$q_0$、$h_0$、$m_{t0}$、$\omega_0$ 分别为稳定工况下水轮机流量、水头、力矩、发电机角速度与各自额定值的比值，即 $q_0 = Q_0/Q_R$、$h_0 = H_0/H_R$、$m_{t0} = M_{t0}/M_{tR}$、$\omega_0 = \Omega/\Omega_R$；$d$ 为通流元件几何参数相关常数；D_1 为水轮机直径，m；下标*表示水轮机的最优工况。

根据文献[10]，式(2-8)中 k_0 的求取利用式(2-9)：

$$Y = D_0 \sin\left(\frac{\beta}{2}\right)\sin\left(\alpha + \frac{\beta}{2}\right) - L\sin\left(\frac{\beta}{2}\right) \tag{2-9}$$

式中，D_0 为导叶分布圆直径，m；L 为导叶宽度，m，$L = \pi D_0/Z_0$，Z_0 为导叶个数；β 为两个导叶间的径向夹角，$\beta = 2\pi/Z_0$，rad。

利用效率-流量关系式(2-10)求取变量 c 中水轮机流量相对偏差 q。

$$\eta = \eta_* - \frac{(q-q_*)^2 Q_R^2}{2d} \tag{2-10}$$

采用内特性法计算HL240-LJ-140型水轮机传递系数与相对功率关系曲线(图2-3)。水轮机基本参数为D_1=1.4m,b_0=0.511m,Z_0=16,D_0=1.6m,P_R=3376kW,Y_R=0.137m,Y_{NL}=0.02m,Y_{NL}为导叶空载开度。

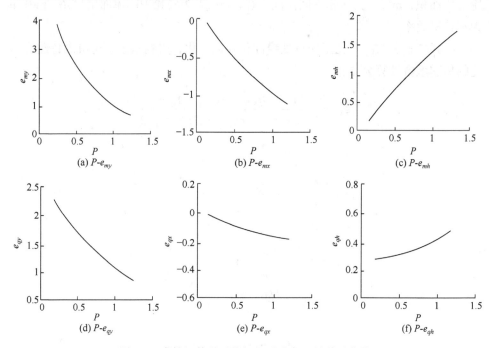

图2-3　水轮机传递系数与相对功率P的关系曲线

设甩负荷过渡过程中导叶开度随时间的变化规律如图2-4所示。

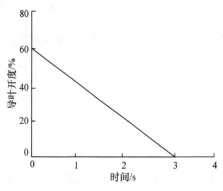

图2-4　甩负荷过渡过程中导叶开度随时间的变化规律

甩负荷过渡过程中，水轮机传递系数应在图2-3所示曲线范围内取值。根据流量、效率、转速等在大波动过渡过程中大致的变化规律分析其对水轮机传递系数的影响，并引入三角函数获得调节系统中 6 个传递系数与时间 t 的非线性表达式为

$$
\begin{cases}
e_{my} = \cos\left(\dfrac{2}{3}\pi t + \pi\right) + 2 \\[2mm]
e_{mx} = \dfrac{1}{2}\cos\left(\dfrac{2}{3}\pi t + \pi\right) - \dfrac{1}{2} \\[2mm]
e_{mh} = \cos\left(\dfrac{2}{3}\pi t + \dfrac{1}{3}\pi\right) + 1 \\[2mm]
e_{qy} = \dfrac{1}{2}\sin\left(\dfrac{2}{3}\pi t - \dfrac{1}{2}\pi\right) + \dfrac{3}{2} \\[2mm]
e_{qx} = \dfrac{1}{10}\sin\left(\dfrac{2}{3}\pi t - \dfrac{\pi}{2}\right) - \dfrac{1}{10} \\[2mm]
e_{qh} = \dfrac{1}{4}\sin\left(\dfrac{2}{3}\pi t + \pi\right) + \dfrac{1}{2}
\end{cases}
\tag{2-11}
$$

2.2.2　甩负荷大波动过渡过程调节系统的非线性模型及动力学分析

1. 甩负荷过渡过程调节系统非线性模型

水轮机调节系统中 6 个传递系数随运行工况变化而导致系统呈现非线性，给出甩负荷过渡过程中传递系数与时间 t 的非线性表达式，并在此基础上建立非线性系统动力学模型，在一定程度上反映系统的非线性本质问题。假设水电站压力管道较短，对应引水系统采用刚性水击模型，且水轮机控制系统采用常见的比例积分微分(proportional integral differential，PID)控制器调节。水轮机调节系统的动力学模型为

$$
\begin{cases}
\dot{x} = -\dfrac{(2e_{mx} - e_g)}{T_{ab}}x + \dfrac{e_{my}}{T_{ab}}y + \dfrac{e_{mh}}{T_{ab}}h - \dfrac{1}{T_{ab}}m_{g0} \\[3mm]
\dot{y} = \dfrac{1}{T_y}\left[k_p(r - x) + k_i z_4 - k_d\dot{x} - y\right] \\[3mm]
\dot{h} = \dfrac{1}{e_{qh}}\left\{\dfrac{(e_g - e_{mx})e_{qx}}{T_a}x + \left(\dfrac{e_{qy}}{T_y} - \dfrac{e_{qx}e_{my}}{T_a}\right)y - \left(\dfrac{e_{qx}e_{mh}}{T_a} + \dfrac{1}{T_w}\right)h \right. \\[3mm]
\qquad \left. - \dfrac{e_{qy}}{T_y}\left[k_p(r - x) + k_i z_4 - k_d\dot{x}\right] + \dfrac{e_{qx}}{T_a}m_{g0}\right\} \\[3mm]
\dot{z}_4 = r - x
\end{cases}
\tag{2-12}
$$

式中，k_p、k_i和k_d分别为比例、积分和微分的调节系数。

将式(2-11)代入式(2-12)，得水轮机调节系统甩负荷过渡过程非线性动力学模型为

$$
\begin{cases}
\dot{x} = -\dfrac{\left[\cos\left(\frac{2}{3}\pi t + \pi\right) - 1 - e_g\right]}{T_{ab}}x + \dfrac{\left[\cos\left(\frac{2}{3}\pi t + \pi\right) + 2\right]}{T_{ab}}y \\[4mm]
\qquad + \dfrac{\left[\cos\left(\frac{2}{3}\pi t + \frac{1}{3}\pi\right) + 1\right]}{T_{ab}}h - \dfrac{1}{T_{ab}}m_{g0} \\[4mm]
\dot{y} = \dfrac{1}{T_y}\left[k_p(r-x) + k_i z_4 - k_d\dot{x} - y\right] \\[4mm]
\dot{h} = \dfrac{1}{\frac{1}{4}\sin\left(\frac{2}{3}\pi t + \pi\right) + \frac{1}{2}}\left(\dfrac{\left\{e_g - \left[\frac{1}{2}\cos\left(\frac{2}{3}\pi t + \pi\right) - \frac{1}{2}\right]\right\}\cdot\left[\frac{1}{10}\sin\left(\frac{2}{3}\pi t - \frac{\pi}{2}\right) - \frac{1}{10}\right]}{T_a}x \right. \\[4mm]
\qquad + \left\{\dfrac{\frac{1}{2}\sin\left(\frac{2}{3}\pi t - \frac{1}{2}\pi\right) + \frac{3}{2}}{T_y} - \dfrac{\left[\frac{1}{10}\sin\left(\frac{2}{3}\pi t - \frac{\pi}{2}\right) - \frac{1}{10}\right]\cdot\left[\cos\left(\frac{2}{3}\pi t + \pi\right) + 2\right]}{T_a}\right\}y \\[4mm]
\qquad - \left\{\dfrac{\left[\frac{1}{10}\sin\left(\frac{2}{3}\pi t - \frac{\pi}{2}\right) - \frac{1}{10}\right]\cdot\left[\cos\left(\frac{2}{3}\pi t + \frac{1}{3}\pi\right) + 1\right]}{T_a} + \dfrac{1}{T_w}\right\}h \\[4mm]
\qquad - \dfrac{\frac{1}{2}\sin\left(\frac{2}{3}\pi t - \frac{1}{2}\pi\right) + \frac{3}{2}}{T_y}\left[k_p(r-x) + k_i z_4 - k_d\dot{x}\right] + \left.\dfrac{\frac{1}{10}\sin\left(\frac{2}{3}\pi t - \frac{\pi}{2}\right) - \frac{1}{10}}{T_a}m_{g0}\right) \\[4mm]
\dot{z}_4 = r - x
\end{cases}
$$

(2-13)

式中，e_g为发电机自调节系数；T_a为机组惯性时间常数，s；T_w为水流惯性时间常数，s；r为频率参考输入。

2. 非线性动力学分析

在甩负荷大波动过渡过程中，保持 PID 控制器参数不变。采用四阶 Runge-

Kutta 法对系统进行数值分析计算，设系统参数 T_a=0.2s，T_{ab}=5.5s，T_w=2s，r=0，m_{g0}=0.4，PID 控制器参数 k_p=1.6，k_i=1.2，k_d=3。

将导叶关闭时间 t 设为控制变量，由最大值法得到水轮机转速分岔图，如图 2-5 所示。图 2-6 和图 2-7 分别是时间 t 在 0.2~0.4s 和 2.5~3s 时水轮机转速分岔图的局部放大图。分析图 2-5~图 2-7 可知，当 0s<t<0.22s 时，机组转速的相对偏差 x≠0，表明甩负荷大波动过程转速在上升的初始阶段，水轮机转速趋于发散，说明水轮机调节系统处于失稳状态。当 0.22s≤t≤2.63s 时，水轮机转速相对偏差 x 为 0，表明导叶关闭时间在这一区间取值时，水轮机转速是收敛的，系统处于稳定状态。当 2.63s<t≤3s 时，水轮机机组转速相对偏差 x≠0，说明在甩负荷过渡过程中，水轮机转速下降到某值以后是发散的，这一阶段系统处于失稳状态。从图 2-5 中，分别选取 5 个具有代表性的时间点(t=0.1s，t=0.22s，t=2.5s，t=2.63s，t=2.8s)进行非线性动力学分析。

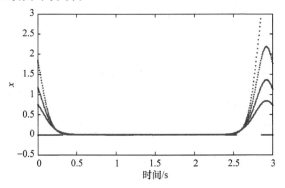

图 2-5　以导叶关闭时间 t 为控制变量的水轮机转速分岔图(0s≤t≤3s)

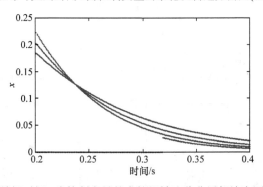

图 2-6　以导叶关闭时间 t 为控制变量的水轮机转速分岔局部放大图(0.2s≤t≤0.4s)

导叶关闭时间 t=0.1s 时，水轮机调节系统动态响应如图 2-8 所示。Poincare 图中呈现出一条直线，时域图中水轮机转速相对偏差 x、导叶开度相对偏差 y 及水头相对偏差 h 随时间 t 的增加趋于发散，说明此时水轮机调节系统处于失稳状态。

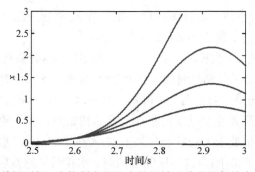

图 2-7　以导叶关闭时间 t 为控制变量的水轮机转速分岔局部放大图($2.5\text{s} \leqslant t \leqslant 3\text{s}$)

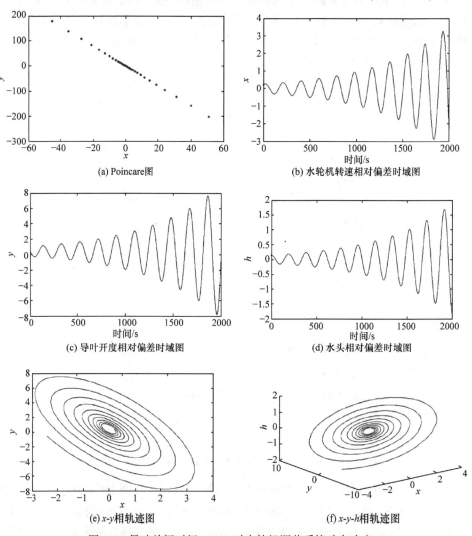

图 2-8　导叶关闭时间 $t=0.1\text{s}$ 时水轮机调节系统动态响应

图 2-9 为导叶关闭时间 t=0.22s 时水轮机调节系统动态响应图。Poincare 图表现为几个孤立的点。时域图中，随时间 t 增加，水轮机转速相对偏差 x、导叶开度相对偏差 y 和水头相对偏差 h 曲线由趋于发散的状态过渡为等幅振荡的状态，振荡周期在 200s 左右，相轨迹图呈现为极限环，系统出现 Hopf 分岔点，说明此时水轮机调节系统处于临界稳定状态。

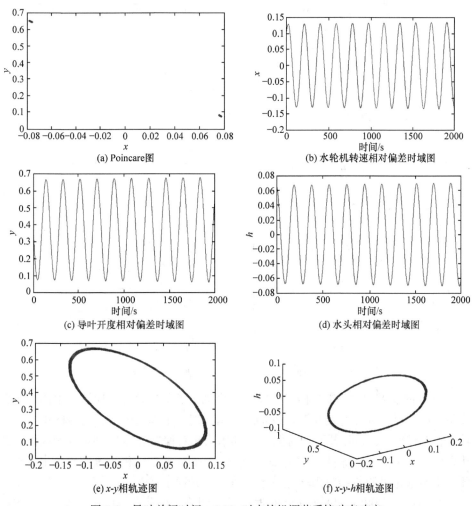

图 2-9 导叶关闭时间 t=0.22s 时水轮机调节系统动态响应

图 2-10 为导叶关闭时间 t=2.5s 时水轮机调节系统动态响应图。Poincare 图近似呈现出一条直线。时域图中，随时间 t 增加，机组转速相对偏差 x、导叶开度相对偏差 y 及水头相对偏差 h 曲线由等幅振荡状态变为趋于收敛状态。相轨迹图呈现规则圆形，说明此时水轮机调节系统处于稳定状态。

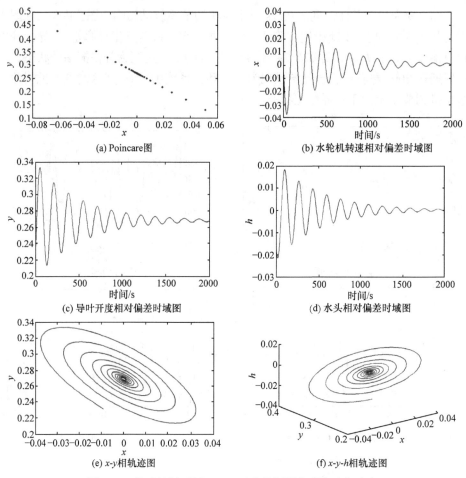

图 2-10　导叶关闭时间 $t=2.5\text{s}$ 时水轮机调节系统动态响应

图 2-11 为导叶关闭时间 $t=2.63\text{s}$ 时水轮机调节系统动态响应图，由图可知调节系统再次进入临界稳定状态。Poincare 图出现几个孤立的点，时域图中水轮机转速相对偏差 x、导叶开度相对偏差 y 和水头相对偏差 h 随时间 t 的增长由收敛状态变为等幅振荡，振荡周期由 200s 缩短为 160s 左右。相轨迹图再次出现极限环，说明水轮机调节系统由稳定状态过渡到临界稳定状态。

图 2-12 为导叶关闭时间 $t=2.8\text{s}$ 时水轮机调节系统动态响应图。Poincare 图表现为一条直线，在时域图中机组的转速相对偏差 x、导叶开度相对偏差 y 及水头相对偏差 h 趋于发散，说明水轮机调节系统处于失稳状态。

由数值模拟分析结果可知，当导叶关闭时间 t 分别为 0.22s 和 2.63s 时，系统出现 Hopf 分岔，此时系统处于临界稳定状态。当 $t=0.1\text{s}$ 时，x、y 和 h 随导叶关闭时间 t 增加而趋于发散，说明水轮机调节系统处于失稳状态。当 $t=2.5\text{s}$ 时，时域图 x、y 和 z

随导叶关闭时间 t 逐渐收敛，此时系统处于稳定状态。当 $t=2.8\,\text{s}$ 时，x、y 和 z 随导叶关闭时间 t 趋于发散，说明水轮机调节系统此时再次进入失稳状态。

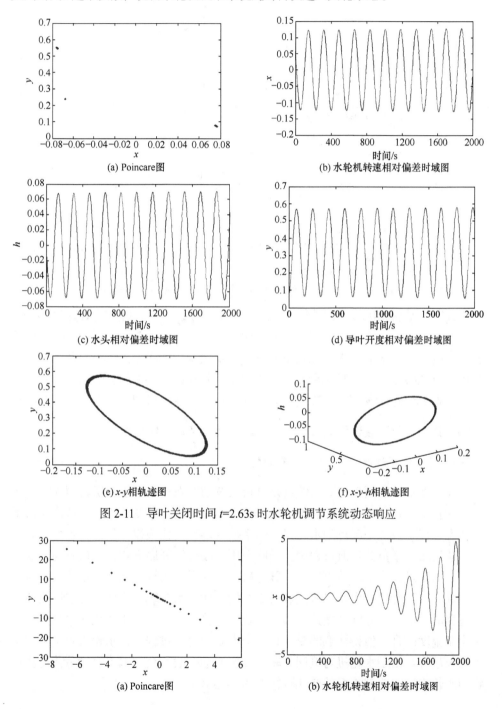

(a) Poincare图

(b) 水轮机转速相对偏差时域图

(c) 水头相对偏差时域图

(d) 导叶开度相对偏差时域图

(e) x-y 相轨迹图

(f) x-y-h 相轨迹图

图 2-11 导叶关闭时间 $t=2.63\text{s}$ 时水轮机调节系统动态响应

(a) Poincare图

(b) 水轮机转速相对偏差时域图

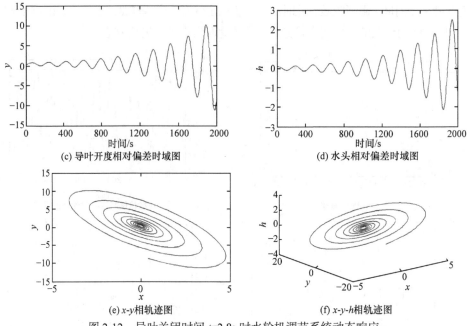

图 2-12　导叶关闭时间 t=2.8s 时水轮机调节系统动态响应

　　由此可以判断出甩负荷过渡过程中，水轮机调节系统 PID 控制器参数保持不变时导叶关闭时间 t 的稳定状态范围。当 k_p=1.6，k_i=1.2，k_d=3 时，若 $0 \leqslant t < 0.22s$，水轮机调节系统处于失稳状态；若 t=0.22s，系统出现 Hopf 分岔，水轮机调节系统处于临界稳定状态；若 $0.22s < t < 2.63s$，水轮机调节系统处于稳定状态；若 t=2.63s，系统再次出现 Hopf 分岔，水轮机调节系统处于临界稳定状态；若 $2.63s < t \leqslant 3s$，水轮机调节系统处于失稳状态。

2.2.3　突增负荷过渡过程调节系统的非线性模型及动力学分析

1. 突增负荷过渡过程动态传递系数

　　非线性水轮机模型建立的关键是分析大波动暂态过程下水轮机力矩 M_t、水头 H、转速 N、流量 Q、效率 η 和导叶开度 Y 等关键指标的变化规律，从而获得不同暂态过程中各个工况点的水轮机传递系数的动态变化规律，如式(2-8)所示。

　　假设在突增负荷过渡过程中，导叶采用两段折线开启方式，开启时间为 5s，在其初始阶段，当系统给出增负荷脉冲后，导叶限制机构移动到预定功率对应位置，导叶逐渐开启，水轮机流量和力矩开始增加，水头缓缓降低。在突增负荷过渡过程的后期，当导叶开度达到预定位置，水轮机流量与力矩变化速率减慢，水头会小幅度回升。值得注意的是，在整个大波动暂态过程中，水轮机效率基本呈现增长趋势。由于水轮机与电网并联，转速波动一般不会太大。突增负荷过渡过程中水轮机运行关键指标的变化规律如图 2-13 所示。

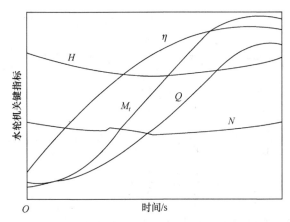

图 2-13 突增负荷过渡过程中水轮机关键指标变化规律

从图 2-13 中可以看出，水轮机力矩、水头、流量与转速变化的剧烈程度可以描述为：水轮机力矩 M_t 最为剧烈，流量 Q 变化大于水头 H 波动，转速 N 变化最为平缓。由于 M_{t0}、H_0、Q_0、N_0 分别与 m_{t0}、h_0、q_0、n_0 成正比关系，从而可以得出 m_{t0}、h_0、q_0 和 n_0 的变化关系。基于式(2-8)～式(2-10)，分析这些关键指标的变化特征，可以得到在突增负荷过渡过程的最初阶段，式(2-8)中 a、b、c 的变化规律，a 和 c 是减小的，b 稍有增加趋势。为了简化计算，在不影响分析结果的前提下，可以假设 b 为定值。因此，根据式(2-8)，可以得出在突增负荷过渡过程的最初阶段，e_{qy}、e_{qx}、e_{my} 和 e_{mx} 具有减小的趋势，e_{qh} 和 e_{mh} 具有增加的趋势。由于突增负荷后期，各关键指标不具有规律性，可以假设各指标处于不断波动状态。

综上所述，考虑到水轮机传递系数随运行工况改变而不断变化的特点，下面引入三角函数与指数函数建立突增负荷过渡过程中水轮机传递系数与时间 t 的动态表达式，即

$$
\begin{cases}
e_{my} = \dfrac{1}{5}\cos 4\pi t + 2\mathrm{e}^{-t} + \dfrac{8}{5} \\[2mm]
e_{mx} = \dfrac{1}{10}\cos 4\pi t + \dfrac{9}{10}\mathrm{e}^{-t} - \dfrac{7}{10} \\[2mm]
e_{mh} = \dfrac{4}{25}\cos 4\pi t - \dfrac{19}{10}\mathrm{e}^{-t} + \dfrac{17}{10} \\[2mm]
e_{qy} = \dfrac{2}{25}\sin 4\pi t + \dfrac{4}{5}\mathrm{e}^{-t} + \dfrac{7}{5} \\[2mm]
e_{qx} = \dfrac{1}{50}\sin 4\pi t + \dfrac{21}{100}\mathrm{e}^{-t} - \dfrac{3}{20} \\[2mm]
e_{qh} = \dfrac{1}{25}\sin 4\pi t - \dfrac{13}{30}\mathrm{e}^{-t} + \dfrac{3}{5}
\end{cases}
\tag{2-14}
$$

式中，e 为自然数。根据式(2-4)与式(2-14)，水轮机非线性模型可以表示为

$$
\begin{cases}
m_t = \left(\dfrac{1}{10}\cos 4\pi t + \dfrac{9}{10}\mathrm{e}^{-t} - \dfrac{7}{10}\right)x + \left(\dfrac{1}{5}\cos 4\pi t + 2\mathrm{e}^{-t} + \dfrac{8}{5}\right)y \\
\qquad + \left(\dfrac{4}{25}\cos 4\pi t - \dfrac{19}{10}\mathrm{e}^{-t} + \dfrac{17}{10}\right)h \\
q = \left(\dfrac{1}{50}\sin 4\pi t + \dfrac{21}{100}\mathrm{e}^{-t} - \dfrac{3}{20}\right)x + \left(\dfrac{2}{25}\sin 4\pi t + \dfrac{4}{5}\mathrm{e}^{-t} + \dfrac{7}{5}\right)y \\
\qquad + \left(\dfrac{1}{25}\sin 4\pi t - \dfrac{13}{30}\mathrm{e}^{-t} + \dfrac{3}{5}\right)h
\end{cases}
\tag{2-15}
$$

2. 突增负荷过渡过程水力发电系统非线性模型

本章利用模块化建模方法，建立突增负荷过渡过程水力发电系统非线性数学模型。在前文中已利用动态传递系数式(2-14)建立了水轮机非线性模型式(2-15)，故本部分着重介绍压力管道模型、发电机模型和调速器模型的建立。

水力发电系统运行原理如图 2-14 所示。

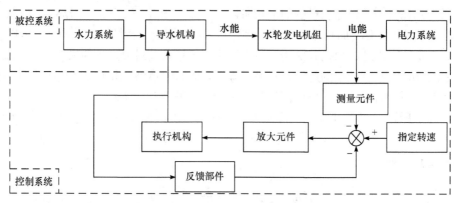

图 2-14　水力发电系统运行原理图[11]

1) 压力管道模型

在突增负荷等大波动暂态过程中，单机单管水力发电系统压力管道动力学模型如图 2-15 所示。

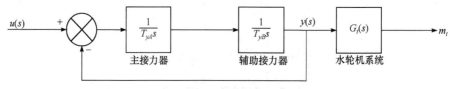

图 2-15　压力管道动力学模型[12]

在图 2-15 中，辅助接力器反应时间常数 T_{yB} 一般很小，可忽略不计。因此，考虑管道的弹性水击效应，压力管道的传递函数可以表示为

$$G_h(s) = -2h_w \frac{\dfrac{1}{48}T_r^3 s^3 + \dfrac{1}{2}T_r s}{\dfrac{1}{8}T_r^2 s^2 + 1} \tag{2-16}$$

水轮机导叶开度相对偏差 y 到力矩相对偏差 m_t 的传递函数推导可得

$$G_t(s) = -\frac{e_{my}}{e_{qh}} \cdot \frac{es^3 - \dfrac{3}{h_w T_r}s^2 + \dfrac{24e}{T_r^2}s - \dfrac{24}{h_w T_r^3}}{s^3 + \dfrac{3}{e_{qh}h_w T_r}s^2 + \dfrac{24}{T_r^2}s + \dfrac{24}{e_{qh}h_w T_r^3}} \tag{2-17}$$

式中，h_w 为水管道特性系数；T_r 为弹性水击时间常数，s；e 为中间变量，$e = e_{qy} \cdot e_{mh} / e_{my} - e_{qh}$；$s$ 为传递函数变量。

根据自动控制原理，式(2-17)可以转化为状态空间形式：

$$\begin{cases} \dot{x}_1 = x_2 \\ \dot{x}_2 = x_3 \\ \dot{x}_3 = -a_0 x_1 - a_1 x_2 - a_2 x_3 + y \end{cases} \tag{2-18}$$

同时，得到水轮机输出力矩相对偏差的动态方程：

$$m_t = b_3 y + (b_0 - a_0 b_3)x_1 + (b_1 - a_1 b_3)x_2 + (b_2 - a_2 b_3)x_3 \tag{2-19}$$

式中，x_1、x_2 及 x_3 是中间变量；$a_0 = \dfrac{24}{e_{qh}h_w T_r^3}$；$a_1 = \dfrac{24}{T_r^2}$；$a_2 = \dfrac{3}{e_{qh}h_w T_r}$；$b_0 = \dfrac{24e_{my}}{e_{qh}h_w T_r^3}$；

$b_1 = \dfrac{24ee_{my}}{e_{qh}T_r^2}$；$b_2 = \dfrac{3e_{my}}{e_{qh}h_w T_r}$；$b_3 = -\dfrac{ee_{my}}{e_{qh}}$。

2) 发电机模型

考虑一个发电机转子二阶非线性模型为[13]

$$\begin{cases} \dot{\delta} = \omega_0 \omega \\ \dot{\omega} = \dfrac{1}{T_{ab}}(m_t - m_e - D\omega) \end{cases} \tag{2-20}$$

式中，δ 为发电机功角标幺值；ω 为发电机角速度标幺值；D 为发电机阻尼系数，rad；m_e 为发电机电磁力矩。在发电机模型动态特性分析中，可以认为发电机电磁力矩 m_e 等效于电磁功率 P_e，即

$$\begin{cases} m_e = P_e \\ P_e = \dfrac{E_q' V_s}{x_{d\Sigma}'}\sin\delta + \dfrac{V_s^2}{2}\dfrac{x_{d\Sigma}' - x_{q\Sigma}}{x_{d\Sigma}' x_{q\Sigma}}\sin 2\delta \end{cases} \tag{2-21}$$

式中，E_q' 为发电机 q 轴暂态电势标幺值；V_s 为无穷大母线电压标幺值；$x_{d\Sigma}'$ 和 $x_{q\Sigma}$ 分别为 d 轴暂态电抗和 q 轴暂态电抗标幺值；可以表示为

$$\begin{cases} x_{d\Sigma}' = \dot{x}_d + x_T + \dfrac{1}{2}x_L \\[2mm] x_{q\Sigma} = x_q + x_T + \dfrac{1}{2}x_L \end{cases} \tag{2-22}$$

式中，x_T 为变压器短路电抗标幺值；x_L 为输电线路电抗标幺值。

3) 调速器模型

水力发电系统调速器的调节方式有很多种，按校正方式可以分为 PI 控制器调节方式、串联 PID 控制器调节方式与并联 PID 控制器调节方式。本章采用常见的并联 PID 控制器调节方式，这里不考虑系统频率扰动对调速器动态特性的影响，则调速器输出信号 u 可以表示为[2]

$$u = -k_p\omega - k_i\int_0^t \omega \mathrm{d}t - k_d\dot{\omega} = -k_p\omega - \frac{k_i}{\omega_0}\delta - k_d\dot{\omega} \tag{2-23}$$

式中，k_p、k_i、k_d 分别为比例、积分、微分的调节系数。

液压伺服系统的动态特性描述为

$$T_y\frac{\mathrm{d}y}{\mathrm{d}t} + y = u \tag{2-24}$$

式中，T_y 为接力器反应时间常数，s。

将式(2-23)代入式(2-24)中，可以得到水力发电系统的调速器模型为

$$\frac{\mathrm{d}y}{\mathrm{d}t} = \frac{1}{T_y}\left(-k_p\omega - k_i\int\Delta\omega - k_d\dot{\omega} - y\right) \tag{2-25}$$

综上所述，联立式(2-18)~式(2-20)和式(2-25)得到突增负荷过渡过程中单机单管水力发电系统的非线性动力学模型，即

$$\begin{cases} \dot{x}_1 = x_2 \\[1mm] \dot{x}_2 = x_3 \\[1mm] \dot{x}_3 = -\dfrac{24}{e_{qh}h_w T_r^3}x_1 - \dfrac{24}{T_r^2}x_2 - \dfrac{3}{e_{qh}h_w T_r}x_3 + y \\[2mm] \dot{\delta} = \omega_0\omega \\[2mm] \dot{\omega} = \dfrac{1}{T_{ab}}\left(m_t - D\omega - \dfrac{E_q'V_s}{x_{d\Sigma}'}\sin\delta - \dfrac{V_s^2}{2}\dfrac{x_{d\Sigma}' - x_{q\Sigma}}{x_{d\Sigma}' x_{q\Sigma}}\sin 2\delta\right) \\[2mm] \dot{m}_t = \dfrac{ee_{my}}{e_{qh}}\dfrac{1}{T_y}\left(-k_p\omega - \dfrac{k_i}{\omega_0}\delta - k_d\dot{\omega} - y\right) \end{cases} \tag{2-26}$$

$$\left\{
\begin{aligned}
&+ \left(\frac{24}{e_{qh}h_{\mathrm{w}}T_r^{\,3}} \cdot \frac{3}{e_{qh}h_{\mathrm{w}}T_r} \cdot \frac{ee_{my}}{e_{qh}} - \frac{24}{e_{qh}h_{\mathrm{w}}T_r^{\,3}} \cdot \frac{3e_{my}}{e_{qh}h_{\mathrm{w}}T_r} \right) x_1 \\
&+ \left(\frac{24e_{my}}{e_{qh}h_{\mathrm{w}}T_r^{\,3}} - \frac{24}{e_{qh}h_{\mathrm{w}}T_r^{\,3}} \cdot \frac{ee_{my}}{e_{qh}} - \frac{24}{T_r^{\,2}} \cdot \frac{3e_{my}}{e_{qh}h_{\mathrm{w}}T_r} + \frac{24}{T_r^{\,2}} \cdot \frac{3}{e_{qh}h_{\mathrm{w}}T_r} \cdot \frac{ee_{my}}{e_{qh}} \right) x_2 \\
&+ \left[\frac{24ee_{my}}{e_{qh}T_r^{\,2}} - \frac{24}{T_r^{\,2}} \cdot \frac{ee_{my}}{e_{qh}} - \frac{3}{e_{qh}h_{\mathrm{w}}T_r} \cdot \frac{3e_{my}}{e_{qh}h_{\mathrm{w}}T_r} + \left(\frac{3}{e_{qh}h_{\mathrm{w}}T_r} \right)^2 \cdot \frac{ee_{my}}{e_{qh}} \right] x_3 \\
&+ \left(\frac{3e_{my}}{e_{qh}h_{\mathrm{w}}T_r} - \frac{3}{e_{qh}h_{\mathrm{w}}T_r} \cdot \frac{ee_{my}}{e_{qh}} \right) y \\
&\dot{y} = \frac{1}{T_y} \left(-k_{\mathrm{p}}\omega - \frac{k_{\mathrm{i}}}{\omega_0}\delta - k_{\mathrm{d}}\dot{\omega} - y \right)
\end{aligned}
\right.$$

4) 动力学分析

为了进行水力发电系统在突增负荷过渡过程中水轮机机组非线性动态特性分析，利用龙格库塔法对式(2-26)进行数值积分求解，计算步长为 0.1，迭代次数为 1000。由于发电机角速度等效于机组转速，本部分采用转速相对偏差 x 代替发电机角速度标幺值 ω 进行动力学分析。$(x_1,x_2,x_3,\delta,x,m_t,y)$ 的初值为 $(0,0,0,0.001,0.001,0,0)$。得到水轮机力矩相对偏差与转速相对偏差随时间变化的动力学演化规律和动态响应。系统基本参数设置为：x=314，D=0.5，E_q'=4，$x_{d\Sigma}'$=1，$x_{q\Sigma}$=2，V_s=1，T_y=1s，T_r=0.51s，h_{w}=2.5，T_{ab}=7s，k_{p}=2+0.5t，k_{i}=1，k_{d}=5。

图 2-16 为水力发电系统在突增负荷过渡过程中水轮机力矩相对偏差与转速相对偏差随时间 t 的动力学演化规律。当 0s≤t<0.947s 时，水轮机力矩相对偏差 m_t 变化范围是 0s≤m_t<0.01，发电机转速相对偏差 x 围绕在 0 附近波动，二者偏差较小可忽略不计，说明此时系统运行稳定。当 0.947s≤t<1.55s 时，水轮机组力矩相对偏差 m_t 和转速相对偏差 x 均快速增大，其中力矩相对偏差最大达 0.86。当 1.55s≤t<5s 时，水轮机力矩相对偏差 m_t 和转速相对偏差 x 随时间波动增加。总之，水轮机力矩相对偏差 m_t 随时间 t 不断增大。上述数值分析结果与工程实际是一致的，即在进入突增负荷过渡过程后，导叶逐渐打开，水轮机流量不断增加，导致力矩增加。此外，值得注意的是：①当 0s≤t<0.947s 时，系统动态响应迟缓，揭示出水力、机械、电气子系统间的非线性时滞。②在 1s<t<1.25s 时，系统关键指标出现突然大幅增加现象，可能是导叶折线关闭的拐点造成的。③在 3s≤t≤5s 时，系统响应出现混沌现象，说明在大波动暂态过程后期系统可能会出现调节失控现象，应引起格外重视。

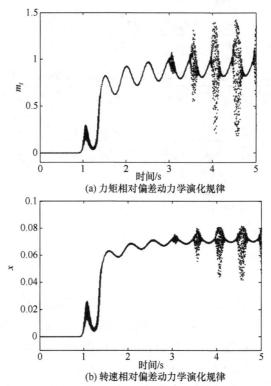

(a) 力矩相对偏差动力学演化规律

(b) 转速相对偏差动力学演化规律

图 2-16 突增负荷过渡过程中水轮机力矩相对偏差 m_t 与转速相对偏差 x 动力学演化规律

为了进一步揭示系统的非线性动力学特性，分析水轮机力矩相对偏差与转速相对偏差在关键时间点 t_i 的动态响应，如图 2-17～图 2-20 所示。

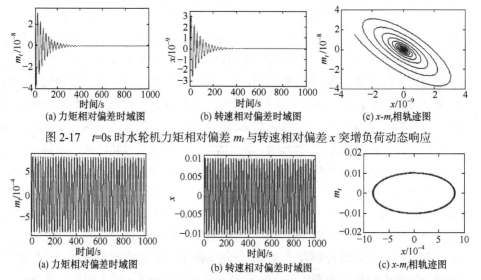

(a) 力矩相对偏差时域图 　(b) 转速相对偏差时域图 　(c) x-m_t 相轨迹图

图 2-17 $t=0$s 时水轮机力矩相对偏差 m_t 与转速相对偏差 x 突增负荷动态响应

(a) 力矩相对偏差时域图 　(b) 转速相对偏差时域图 　(c) x-m_t 相轨迹图

图 2-18 $t=0.947$s 时的水轮机力矩相对偏差 m_t 与转速相对偏差 x 突增负荷动力学响应

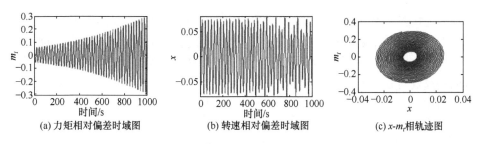

(a) 力矩相对偏差时域图　　(b) 转速相对偏差时域图　　(c) x-m_t相轨迹图

图 2-19　t=1.063s 时的水轮机力矩相对偏差 m_t 与转速相对偏差 x 突增负荷动态响应

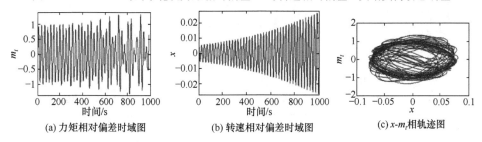

(a) 力矩相对偏差时域图　　(b) 转速相对偏差时域图　　(c) x-m_t相轨迹图

图 2-20　t=4.6s 时的水轮机力矩相对偏差 m_t 与转速相对偏差 x 突增负荷动态响应

由图 2-17 可知，当时间 t=0s 时，时域图中水轮机力矩相对偏差与转速相对偏差运动状态逐渐收敛，相轨迹图中运行状态呈规则的圆形，表征水力发电系统处于稳定运行状态。图 2-18 中，当 t=0.947s 时，时域图中水轮机力矩相对偏差与转速相对偏差曲线出现周期等幅振荡，相空间轨迹收敛为一极限环，此时系统处于临界稳定状态，预示系统动态响应的转变。如图 2-19 所示，在工况点 t=1.063s，水轮机力矩相对偏差与转速相对偏差的时域图与相轨迹图均随时间增加逐渐发散，说明水力发电系统在该工况点处于失稳状态。由图 2-20 可知，系统在工况点 t=4.6s 时出现混沌现象，时域图动力学状态由等幅振荡过渡到不规则振荡且波形出现削波现象，相空间出现奇怪吸引子，说明水力发电系统进入更为复杂的运动过程，系统状态失稳。

5) 模型验证与讨论

上述动力学分析从时域角度进行了系统动力学特性研究，为了充分验证所建水力发电系统非线性模型的可靠性，本部分将从频域角度出发，利用零极点图验证系统动力学稳定性。

图 2-21 为突增负荷过渡过程中水力发电系统在各典型工况点(t=0s，t=0.947s，t=1.063s，t=4.6s)的零极点图。图 2-21(a)和图 2-21(b)分别为水力发电系统在各典型工况点 t=0s 时的零极点图及其局部放大图。零极点图中求解的所有极点均位于左半平面，说明系统在 t=0s 时是稳定运行工况。如图 2-21(c)所示，当工况点 t=0.947s 时，有且仅有一个极点与原点重合，其余极点均分布在左半平面，则该工况点下系统处于

临界稳定状态。图 2-21(d)及图 2-21(e)中右半平面均存在两个极点，反映出系统在时间 t=1.063s 和 t=4.6s 时运行状态失稳。上述频域稳定性分析结果与动力学的时域分析结果一致，说明所建水力发电系统非线性数学模型是可靠的，能够正确反映时域与频域的双重动力学特性。

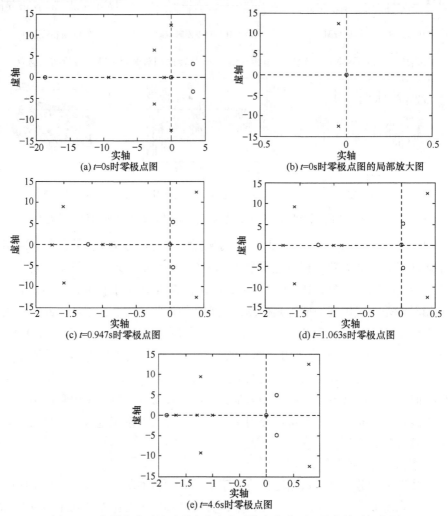

图 2-21　突增负荷过渡过程水力发电系统在各典型工况点的零极点图

2.2.4　突减负荷过渡过程瞬态建模与动力学分析

基于 2.2.1 小节的内特性法，突减负荷过渡过程中水轮机动态传递系数如式(2-27)所示。

$$\begin{cases} e_{my} = \dfrac{1}{5}\cos 4\pi t - \dfrac{12}{5}e^{-t} + \dfrac{37}{10} \\[2mm] e_{mx} = \dfrac{1}{10}\cos 4\pi t - \dfrac{11}{10}e^{-t} + \dfrac{3}{10} \\[2mm] e_{mh} = \dfrac{4}{25}\cos 4\pi t + \dfrac{7}{5}e^{-t} + \dfrac{3}{20} \\[2mm] e_{qy} = \dfrac{2}{25}\sin 4\pi t - \dfrac{4}{5}e^{-t} + \dfrac{11}{5} \\[2mm] e_{qx} = \dfrac{1}{50}\sin 4\pi t - \dfrac{21}{100}e^{-t} + \dfrac{7}{100} \\[2mm] e_{qh} = \dfrac{1}{25}\sin 4\pi t + \dfrac{23}{60}e^{-t} + \dfrac{1}{5} \end{cases} \tag{2-27}$$

将式(2-27)代入式(2-26)得到突减负荷过渡过程中单机单管水力发电系统非线性动力学模型为

$$\begin{cases} \dot{x}_1 = x_2 \\[2mm] \dot{x}_2 = x_3 \\[2mm] \dot{x}_3 = -\dfrac{24}{e_{qh}h_{\mathrm w}T_r^3}x_1 - \dfrac{24}{T_r^2}x_2 - \dfrac{3}{e_{qh}h_{\mathrm w}T_r}x_3 + y \\[2mm] \dot{\delta} = \omega_0\omega \\[2mm] \dot{\omega} = \dfrac{1}{T_{ab}}\left(m_t - D\omega - \dfrac{E_q' V_s}{x_{d\Sigma}'}\sin\delta - \dfrac{V_s^2}{2}\dfrac{x_{d\Sigma}' - x_{q\Sigma}}{x_{d\Sigma}' x_{q\Sigma}}\sin 2\delta \right) \\[2mm] \dot{m}_t = \dfrac{ee_{my}}{e_{qh}}\dfrac{1}{T_y}\left(-k_{\mathrm p}\omega - \dfrac{k_{\mathrm i}}{\omega_0}\delta - k_{\mathrm d}\dot{\omega} - y \right) \\[2mm] \qquad + \left(\dfrac{24}{e_{qh}h_{\mathrm w}T_r^3}\cdot\dfrac{3}{e_{qh}h_{\mathrm w}T_r}\cdot\dfrac{ee_{my}}{e_{qh}} - \dfrac{24}{e_{qh}h_{\mathrm w}T_r^3}\cdot\dfrac{3e_{my}}{e_{qh}h_{\mathrm w}T_r} \right)x_1 \\[2mm] \qquad + \left(\dfrac{24e_{my}}{e_{qh}h_{\mathrm w}T_r^3} - \dfrac{24}{e_{qh}h_{\mathrm w}T_r^3}\cdot\dfrac{ee_{my}}{e_{qh}} - \dfrac{24}{T_r^2}\cdot\dfrac{3e_{my}}{e_{qh}h_{\mathrm w}T_r} + \dfrac{24}{T_r^2}\cdot\dfrac{3}{e_{qh}h_{\mathrm w}T_r}\cdot\dfrac{ee_{my}}{e_{qh}} \right)x_2 \\[2mm] \qquad + \left(\dfrac{24ee_{my}}{e_{qh}T_r^2} - \dfrac{24}{T_r^2}\cdot\dfrac{ee_{my}}{e_{qh}} - \dfrac{3}{e_{qh}h_{\mathrm w}T_r}\cdot\dfrac{3e_{my}}{e_{qh}h_{\mathrm w}T_r} + \left(\dfrac{3}{e_{qh}h_{\mathrm w}T_r}\right)^2\cdot\dfrac{ee_{my}}{e_{qh}} \right)x_3 \\[2mm] \qquad + \left(\dfrac{3e_{my}}{e_{qh}h_{\mathrm w}T_r} - \dfrac{3}{e_{qh}h_{\mathrm w}T_r}\cdot\dfrac{ee_{my}}{e_{qh}} \right)y \\[2mm] \dot{y} = \dfrac{1}{T_y}\left(-k_{\mathrm p}\omega - \dfrac{k_{\mathrm i}}{\omega_0}\delta - k_{\mathrm d}\dot{\omega} - y \right) \end{cases} \tag{2-28}$$

　　基于模型式(2-28),通过龙格库塔法计算得到水力发电系统在突减负荷过渡过程中水轮机力矩相对偏差 m_t 和转速相对偏差 x 的动力学演化规律,如图 2-22 所示。由图 2-22 可知,在突减负荷过渡过程中,水轮机力矩相对偏差呈减小趋势,同时转速相对偏差变化平稳,其波动范围为 $0 \leqslant x \leqslant 0.073$,满足与电网连接的要求。分析图 2-22(b)和图 2-22(d)可知,系统在突减负荷过渡过程中也存在复杂动力学现象,如混沌及分岔。此外,相比于突增负荷,突减负荷过程系统在 $t=0\mathrm{s}$ 时立即进入减负荷响应状态,不存在时滞现象,这是由状态变量的初值敏感性及系统主要结构参数的取值引起的,该部分将成为系统大波动暂态过程未来的研究重点。

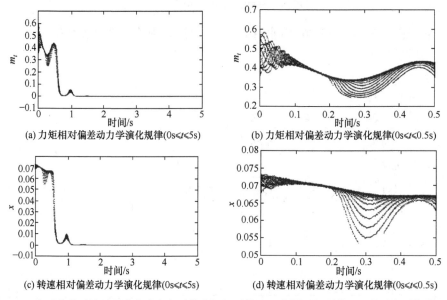

图 2-22　突减负荷过渡过程中水力发电系统力矩相对偏差 m_t 与转速相对偏差 x 的动力学演化规律

2.3　水轮机调节系统开机过渡过程的分段建模与动力学分析

2.3.1　水轮机调节系统动力学模型

　　水轮机调节系统的动力学模型如下[14]:

$$\begin{cases}\dot\delta=\omega_0\omega\\[2mm]\dot\omega=\dfrac{1}{T_{ab}}\left(m_t-D\omega-\dfrac{E_q'V_s}{x_{d\Sigma}'}\sin\delta-\dfrac{V_s^2}{2}\dfrac{x_{d\Sigma}'-x_{q\Sigma}}{x_{d\Sigma}'x_{q\Sigma}}\sin2\delta\right)\\[4mm]\dot m_t=\dfrac{1}{e_{qh}T_{\mathrm w}}\left[-m_t+e_{my}y-\dfrac{ee_{my}T_{\mathrm w}}{T_y}\left(-k_{\mathrm p}\omega-\dfrac{k_{\mathrm i}}{\omega_0}\delta-k_{\mathrm d}\dot\omega-y\right)\right]\\[4mm]\dot y=\dfrac{1}{T_y}\left(-k_{\mathrm p}\omega-\dfrac{k_{\mathrm i}}{\omega_0}\delta-k_{\mathrm d}\dot\omega-y\right)\end{cases} \tag{2-29}$$

2.3.2   开机过渡过程分段非线性传递系数表达式

在开机过渡过程中，设计三种导叶开启规律，水轮机调节系统导叶开度随时间变化规律如图 2-23 所示。

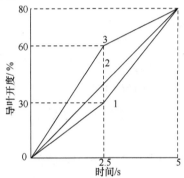

图 2-23   水轮机调节系统开机过渡过程导叶开度变化规律

根据前述理论分析，利用数值拟合方法，得到水轮机传递系数与时间 t 之间的分段非线性表达式，如式(2-30)～式(2-34)所示。

导叶两段折线开启规律 1 为

$$\begin{cases}e_{my1}=-0.066t^2+0.01t+2.597\\[1mm]e_{qy1}=-0.016t^2-0.139t+2.226\\[1mm]e_{mh1}=-0.007t^2+0.076t-0.009\\[1mm]e_{qh1}=0.007t^2+0.005t+0.04\end{cases},\ (0\mathrm{s}<t\leqslant2.5\mathrm{s}) \tag{2-30}$$

$$\begin{cases}e_{my1}=-0.009t^2-0.633t+3.769\\[1mm]e_{qy1}=-0.08t^2+0.024t+2.168\\[1mm]e_{mh1}=0.069t^2-0.041t-0.291\\[1mm]e_{qh1}=0.006t^2+0.214t-0.493\end{cases},\ (2.5\mathrm{s}<t\leqslant5\mathrm{s}) \tag{2-31}$$

导叶直线开启规律 2 为

$$\begin{cases} e_{my2} = 0.021t^2 - 0.623t + 2.943 \\ e_{qy2} = -0.013t^2 - 0.376t + 2.349 \\ e_{mh2} = 0.007t^2 + 0.247t - 0.11 \\ e_{qh2} = -0.004t^2 + 0.091t + 0.051 \end{cases}, \quad \left(0\text{s} < t \leqslant 5\text{s}\right) \tag{2-32}$$

导叶两段折线开启规律 3 为

$$\begin{cases} e_{my3} = 0.032t^2 - 1.104t + 2.966 \\ e_{qy3} = 0.018t^2 - 0.633t + 2.267 \\ e_{mh3} = 0.005t^2 + 0.456t - 0.16 \\ e_{qh3} = -0.004t^2 + 0.223t + 0.033 \end{cases}, \quad \left(0\text{s} < t \leqslant 2.5\text{s}\right) \tag{2-33}$$

$$\begin{cases} e_{my3} = -0.08t + 0.6 \\ e_{qy3} = -0.048t + 0.92 \\ e_{mh3} = 0.12t + 0.7 \\ e_{qh3} = 0.016t + 0.42 \end{cases}, \quad \left(2.5\text{s} < t \leqslant 5\text{s}\right) \tag{2-34}$$

将式(2-30)~式(2-34)代入式(2-29),得到水轮机调节系统在开机过渡过程的分段动力学模型。

导叶两段折线开启规律 1 的水轮机调节系统分段动力学模型如下:

$$\begin{cases} \dot{\delta} = \omega_0 \omega \\ \dot{\omega} = \dfrac{1}{T_{ab}}\left(m_t - D\omega - \dfrac{E_q' V_s}{x_{d\Sigma}'}\sin\delta - \dfrac{V_s^2}{2}\dfrac{x_{d\Sigma}' - x_{q\Sigma}}{x_{d\Sigma}' x_{q\Sigma}}\sin 2\delta \right) \\ \dot{m}_t = \dfrac{1}{\left(0.007t^2 + 0.005t + 0.04\right)T_w}\left(-m_t + \left(-0.066t^2 + 0.01t + 2.597\right)y \right. \\ \qquad - \dfrac{T_w}{T_y}\Big\{ \big[\left(-0.016t^2 - 0.139t + 2.226\right)\left(-0.007t^2 + 0.076t - 0.009\right) \big] \\ \qquad - \big[\left(0.007t^2 + 0.005t + 0.04\right)\left(-0.066t^2 + 0.01t + 2.597\right) \big] \Big\} \\ \qquad \left. \left(-k_p\omega - \dfrac{k_i}{\omega_0}\delta - k_d\dot{\omega} - y \right) \right) \\ \dot{y} = \dfrac{1}{T_y}\left(-k_p\omega - \dfrac{k_i}{\omega_0}\delta - k_d\dot{\omega} - y \right) \end{cases}, \quad (0\text{s} < t \leqslant 2.5\text{s})$$

$$\tag{2-35}$$

$$
\left\{
\begin{aligned}
\dot{\delta} &= \omega_0 \omega \\
\dot{\omega} &= \frac{1}{T_{ab}}\left(m_t - D\omega - \frac{E'_q V_s}{x'_{d\Sigma}}\sin\delta - \frac{V_s^2}{2}\frac{x'_{d\Sigma}-x_{q\Sigma}}{x'_{d\Sigma}x_{q\Sigma}}\sin 2\delta \right) \\
\dot{m}_t &= \frac{1}{\left(0.006t^2+0.214t-0.493\right)T_w}\left(-m_t + \left(-0.009t^2-0.633t+3.769\right)y\right. \\
&\quad \frac{T_w}{T_y}\left\{\left[\left(-0.08t^2+0.024t+2.168\right)\left(0.069t^2-0.041t-0.291\right)\right]\right. \qquad , (2.5\text{s}<t\leqslant 5\text{s}) \\
&\quad \left. -\left[\left(0.006t^2+0.214t-0.493\right)\left(-0.009t^2-0.633t+3.769\right)\right]\right\} \\
&\quad \left.\left(-k_p\omega-\frac{k_i}{\omega_0}\delta-k_d\dot{\omega}-y\right)\right) \\
\dot{y} &= \frac{1}{T_y}\left(-k_p\omega-\frac{k_i}{\omega_0}\delta-k_d\dot{\omega}-y\right)
\end{aligned}
\right.
$$

$$(2\text{-}36)$$

导叶直线开启规律 2 的水轮机调节系统动力学模型如下：

$$
\left\{
\begin{aligned}
\dot{\delta} &= \omega_0 \omega \\
\dot{\omega} &= \frac{1}{T_{ab}}\left(m_t - D\omega - \frac{E'_q V_s}{x'_{d\Sigma}}\sin\delta - \frac{V_s^2}{2}\frac{x'_{d\Sigma}-x_{q\Sigma}}{x'_{d\Sigma}x_{q\Sigma}}\sin 2\delta \right) \\
\dot{m}_t &= \frac{1}{\left(-0.004t^2+0.091t+0.051\right)T_w}\left(-m_t + \left(0.021t^2-0.623t+2.943\right)y\right. \\
&\quad -\frac{T_w}{T_y}\left\{\left[\left(-0.013t^2-0.376t+2.349\right)\left(0.007t^2+0.247t-0.11\right)\right]\right. \qquad , (0\text{s}<t\leqslant 5\text{s}) \\
&\quad \left. -\left[\left(-0.004t^2+0.091t+0.051\right)\left(0.021t^2-0.623t+2.943\right)\right]\right\} \\
&\quad \left.\left(-k_p\omega-\frac{k_i}{\omega_0}\delta-k_d\dot{\omega}-y\right)\right) \\
\dot{y} &= \frac{1}{T_y}\left(-k_p\omega-\frac{k_i}{\omega_0}\delta-k_d\dot{\omega}-y\right)
\end{aligned}
\right.
$$

$$(2\text{-}37)$$

导叶两段折线开启规律 3 的水轮机调节系统分段动力学模型如下：

$$
\begin{cases}
\dot{\delta} = \omega_0 \omega \\[2mm]
\dot{\omega} = \dfrac{1}{T_{ab}}\left(m_t - D\omega - \dfrac{E_q' V_s}{x_{d\Sigma}'}\sin\delta - \dfrac{V_s^2}{2}\dfrac{x_{d\Sigma}' - x_{q\Sigma}}{x_{d\Sigma}' x_{q\Sigma}}\sin 2\delta \right) \\[3mm]
\dot{m}_t = \dfrac{1}{\left(-0.004t^2 + 0.223t + 0.033\right)T_w}\Big(-m_t + \left(0.032t^2 - 1.104t + 2.966\right)y \\[3mm]
\qquad - \dfrac{T_w}{T_y}\Big\{\big[\left(0.018t^2 - 0.633t + 2.267\right)\left(0.005t^2 + 0.456t - 0.16\right)\big] \\[3mm]
\qquad - \big[\left(-0.004t^2 + 0.223t + 0.033\right)\left(0.032t^2 - 1.104t + 2.966\right)\big]\Big\} \\[3mm]
\qquad \left(-k_p\omega - \dfrac{k_i}{\omega_0}\delta - k_d\dot{\omega} - y\right)\Big) \\[3mm]
\dot{y} = \dfrac{1}{T_y}\left(-k_p\omega - \dfrac{k_i}{\omega_0}\delta - k_d\dot{\omega} - y\right)
\end{cases}
\quad , (0\text{s} < t \leqslant 2.5\text{s})
$$

$$(2\text{-}38)$$

$$
\begin{cases}
\dot{\delta} = \omega_0 \omega \\[2mm]
\dot{\omega} = \dfrac{1}{T_{ab}}\left(m_t - D\omega - \dfrac{E_q' V_s}{x_{d\Sigma}'}\sin\delta - \dfrac{V_s^2}{2}\dfrac{x_{d\Sigma}' - x_{q\Sigma}}{x_{d\Sigma}' x_{q\Sigma}}\sin 2\delta \right) \\[3mm]
\dot{m}_t = \dfrac{1}{\left(0.016t + 0.42\right)T_w}\Big(-m_t + \left(-0.08t + 0.6\right)y \\[3mm]
\qquad - \dfrac{T_w}{T_y}\Big\{\big[\left(-0.048t + 0.92\right)\left(0.12t + 0.7\right)\big] \\[3mm]
\qquad - \big[\left(0.016t + 0.42\right)\left(-0.08t + 0.6\right)\big]\Big\}\left(-k_p\omega - \dfrac{k_i}{\omega_0}\delta - k_d\dot{\omega} - y\right)\Big) \\[3mm]
\dot{y} = \dfrac{1}{T_y}\left(-k_p\omega - \dfrac{k_i}{\omega_0}\delta - k_d\dot{\omega} - y\right)
\end{cases}
\quad , (2.5\text{s} < t \leqslant 5\text{s})
$$

$$(2\text{-}39)$$

2.3.3　开机过渡过程动力学分析

为了对水力发电系统在突增负荷过渡过程中水轮机机组非线性动态特性进行分析，利用龙格库塔法对式(2-35)～式(2-39)进行数值积分求解，计算步长为 0.1，迭代次数为 2000。由于发电机角速度等效于机组转速，本小节采用转速相对偏差 x 代替发电机角速度标幺值 ω 进行动力学分析。(δ, x, m_t, y) 的初值为 $(0.001, 0.001, 0,$

0)。得到水轮机力矩相对偏差与转速相对偏差随时间变化的分岔图、时域图和相轨迹图。系统参数设置为：T_r=0.8s，T_{ab}=10s，T_w=2s，r=0，m_{g0}=0.4，k_p=2，k_i=1，k_d=5+0.5t，(0s≤t≤5s)。

　　水轮机调节系统在开机过渡过程中，不同导叶开启规律的力矩相对偏差随导叶开启时间 t 变化。对于导叶两段折线开启规律 1，水轮机调节系统力矩相对偏差与导叶开启时间 t 的分岔图如图 2-24 所示。分析可知，从 t=0s 开始，水轮机从关闭状态进入开机过渡过程。当 0s<t<2.5s，水轮机力矩相对偏差从 0.24 缓慢增加到 0.25。在 t=2.5s 时，m_t 由 0.25 突减到 0.235。在 2.5s<t≤3.8s 时，力矩相对偏差逐渐从 0.23 减小到 0.12。当 t>3.8s 时，系统出现多幅振荡现象。

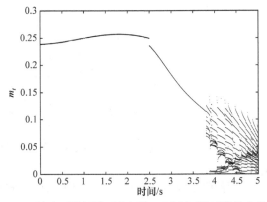

图 2-24　导叶两段折线开启规律 1 下力矩相对偏差分岔图

　　对于导叶直线开启规律 2，力矩相对偏差与时间 t 的分岔图如图 2-25 所示。由图可知，当 0s≤t≤2.6s 时，水轮机力矩相对偏差随着时间增加逐渐减小。多幅振荡出现在 t=2.6s 之后，说明振荡更加剧烈。

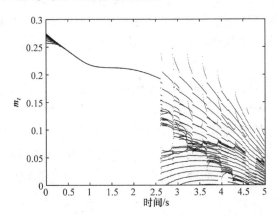

图 2-25　导叶直线开启规律 2 下力矩相对偏差分岔图

图 2-26 表明水轮机调节系统在导叶两段折线开启规律 3 下的振荡比以上两种开启规律更加剧烈。当导叶按开启规律 3 开启时，水轮机调节系统出现了更多更复杂的动力学行为。在 $0s \leqslant t \leqslant 1.4s$ 时，力矩相对偏差 m_t 从 0.28 逐渐减小到 0.14。大幅剧烈振荡出现在 $1.6s \leqslant t \leqslant 2.5s$，力矩相对偏差 m_t 的振幅逐渐减小。当 $t > 2.9s$ 时，力矩相对偏差 m_t 从大幅振荡状态进入等幅振荡状态。随后，大幅振荡状态再次出现在 $t = 3.3s$ 之后，表明系统具有很强的非线性。最后，水轮机调节系统在 $t = 4.5s$ 时，再次进入无规则振荡状态。

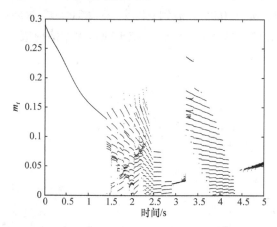

图 2-26　导叶两段折线开启规律 3 下力矩相对偏差分岔图

分析图 2-24～图 2-26 可知，在开机过渡过程中，导叶开启规律对水轮机调节系统的稳定性有重要影响。需要注意的是，导叶开启规律 1～3 在水轮机开机过渡过程的前半段导叶开启速度依次递增。相应地，水轮机调节系统进入大幅振荡状态的时间分别是 3.8s、2.6s 和 1.6s。这说明在水轮机开机过渡过程的开始阶段，剧烈振荡出现的时间随着导叶开启速度的增加而提前。更重要的是，水轮机调节系统随后会进入更加剧烈且复杂的运行状态，这将威胁水电站的安全稳定运行。

为了深入研究水轮机调节系统在开机过渡过程的动力学特征，从图 2-26 中分别选取 5 个具有代表性的时间点（$t = 1s$，$t = 2s$，$t = 2.5^-s$，$t = 2.5^+s^*$，$t = 3.3s$）。

图 2-27 表示水轮机调节系统在 $t = 1s$ 时的动态响应。转速相对偏差 x、力矩相对偏差 m_t 和导叶开度相对偏差 y 的振幅分别为 0.038、0.11 和 0.09，振幅有微小变化。相应地，一个具有不同环径的极限环出现在相轨迹图中。这些结果都说明

---

*2.5⁻s 和 2.5⁺s 分别表示 2.5s 前和 2.5s 后。

此时系统处于临界稳定状态。

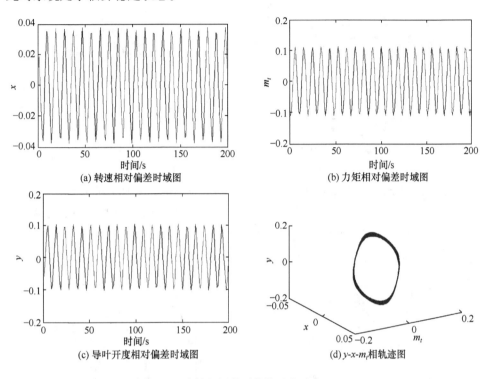

(a) 转速相对偏差时域图

(b) 力矩相对偏差时域图

(c) 导叶开度相对偏差时域图

(d) y-x-m_t相轨迹图

图 2-27 水轮机调节系统的动态响应(t=1s)

　　水轮机调节系统在 t=2s 时的动态响应见图 2-28，由图可知，水轮机调节系统处于周期振荡状态。转速相对偏差 x、力矩相对偏差 m_t 和导叶开度相对偏差 y 振幅分别为 0.06、0.17 和 0.20，振荡周期均为 200s。系统在周期过程中伴随着大量的小幅随机振荡。显然，当 t=2s 时水轮机调节系统做周期振荡伴随着小幅的随机波动，说明系统具有很强的非线性特性。

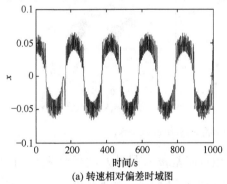

(a) 转速相对偏差时域图

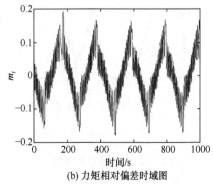

(b) 力矩相对偏差时域图

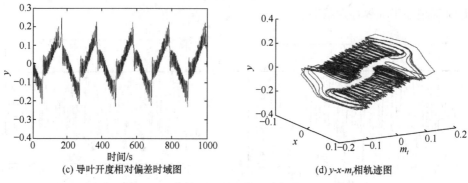

(c) 导叶开度相对偏差时域图　　　　　　(d) y-x-m_t相轨迹图

图 2-28　水轮机调节系统的动态响应($t=2$s)

图 2-29 为水轮机调节系统在 $t=2.5^-$s 时的动态响应。转速相对偏差 x、力矩相对偏差 m_t 和导叶开度相对偏差 y 都做周期振荡并伴随着小幅随机波动，振幅分别为 0.09、0.20 和 0.49。此外，这三个参数的振荡周期都增加到 370s。这些结果说明此时水轮机调节系统参数波动更加剧烈，水轮机调节系统更加失稳。

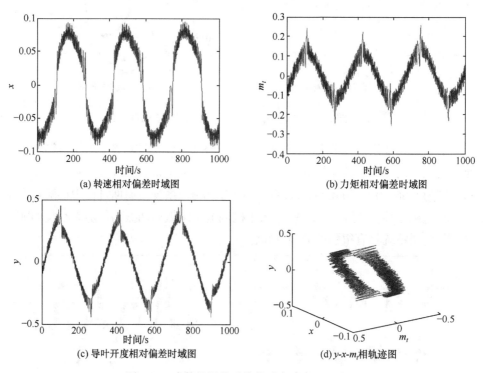

(a) 转速相对偏差时域图　　　　　　　　(b) 力矩相对偏差时域图

(c) 导叶开度相对偏差时域图　　　　　　(d) y-x-m_t相轨迹图

图 2-29　水轮机调节系统的动态响应($t=2.5^-$s)

当 $t=2.5^+$s 时，转速相对偏差 x、力矩相对偏差 m_t 和导叶开度相对偏差 y 振幅分别减小到 0.06、0.13 和 0.22(图 2-30)。与图 2-29 相比，转速相对偏差 x、力矩

相对偏差 m_t 和导叶开度相对偏差 y 振幅均有所减小。这说明导叶开启规律的变化引起参数振幅的突变，与水轮机调节系统在 $t=2.5^-$s 时的动态响应相比，此时系统更加稳定。

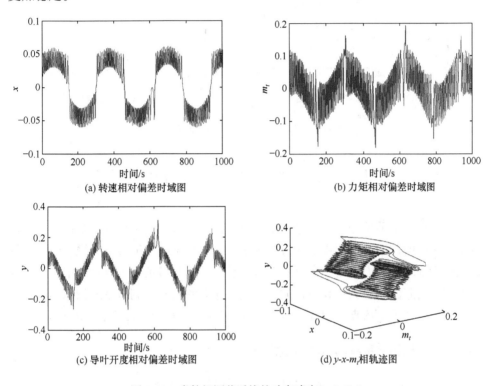

(a) 转速相对偏差时域图　　　　　　　　　(b) 力矩相对偏差时域图

(c) 导叶开度相对偏差时域图　　　　　　　(d) y-x-m_t 相轨迹图

图 2-30　水轮机调节系统的动态响应($t=2.5^+$s)

水轮机调节系统在 $t=3.3$s 时的动态响应如图 2-31 所示。显然，转速相对偏差 x、力矩相对偏差 m_t 和导叶开度相对偏差 y 都呈混沌振荡。两个相似奇异吸引子出现在相轨迹图中，说明此时水轮机调节系统的振荡难以预测，也说明此时系统进入失稳状态。

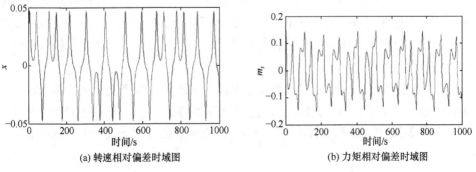

(a) 转速相对偏差时域图　　　　　　　　　(b) 力矩相对偏差时域图

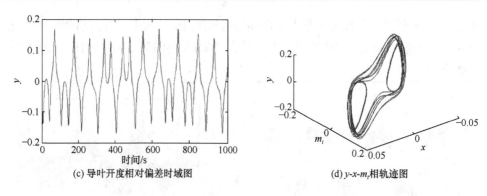

（c）导叶开度相对偏差时域图　　　　　（d）y-x-m_t相轨迹图

图 2-31　水轮机调节系统的动态响应（t=3.3s）

2.4　水轮机调节系统瞬态建模改进方法与动力学分析

水轮机调节系统作为水电站的重要组成部分，对水电站系统安全稳定运行起着至关重要的作用。本节主要通过改进水轮机调节系统特征方程，推导建立水轮机调节系统瞬态动力学模型，该模型可以反映系统在甩负荷过渡过程中传递系数剧烈变化引起的瞬态力矩和流量波动，基于建立的水轮机调节系统瞬态动力学模型进行甩负荷关机仿真模拟并揭示不同导叶关闭规律对系统的动态响应。

2.4.1　水轮机调节系统瞬态动力学模型

由 2.2.1 小节可知，传统水轮机特征方程可以表示为

$$\begin{cases} m_t = e_{mx}x + e_{my}y + e_{mh}h \\ q = e_{qx}x + e_{qy}y + e_{qh}h \end{cases} \tag{2-40}$$

式中，m_t、q、h、x 和 y 分别表示 M_t、Q、H、N 和 Y 的相对偏差；$e_{mx}=\partial m_t / \partial x$，$e_{my}=\partial m_t / \partial y$ 和 $e_{mh}=\partial m_t / \partial h$ 分别表示水轮机力矩相对偏差对水轮机转速相对偏差、导叶开度相对偏差和水头相对偏差的传递系数；$e_{qx}=\partial q / \partial x$，$e_{qy}=\partial q / \partial y$ 和 $e_{qh}=\partial q / \partial h$ 分别表示水轮机流量相对偏差对转速相对偏差、导叶开度相对偏差和水头相对偏差的传递系数。

在过渡过程中，由于水轮机调节系统运行工况点快速变化，在计算水轮机力矩和流量时，系统传递系数的近似值会引起较大累计误差，如图 2-32 所示[11]。

在图 2-32 中，当机组转速一定时，工况点从 a 运行到 b 过程中，力矩增量为

$\Delta m_{tab} = \int_a^b e_{my}\mathrm{d}y$，$e_{my}$ 是曲线 a-b 上各点斜率，即 $m_{tb}=m_{ta}+\Delta m_{tab}$。当导叶开度保持不变时，工况点从 c 到 b 过程中，力矩增量为 $\Delta m_{tcb} = \int_c^b e_{mx}\mathrm{d}x$，$e_{mx}$ 为曲线 c-b 上各点斜率，即 $m'_{tb} = m_{tc} + \Delta m_{tcb}$。由于 e_{mx} 和 e_{my} 都为近似值，可能导致 $m'_{tb} \neq m_{tb}$，即在同一工况点 b 具有不同力矩，而且当系统在过渡过程中运行时，工况点往复变化，累计误差会加大。这种误差使得传统水轮机调节系统模型难以描述系统过渡过程的瞬态特性。

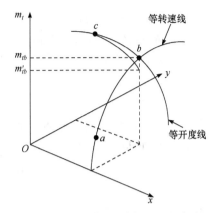

图 2-32　水轮机力矩瞬态过程累计误差示意图

为了解决上述问题，针对水轮机力矩相对偏差和流量相对偏差路径积分过程，对式(2-40)进行改进，获得其瞬态表达式。

水轮机力矩相对偏差瞬态过程曲面簇法如图 2-33 所示，a、b、c 为曲面 A 上的点，d 为曲面 B 上的点，a-b-c-d 为力矩相对偏差积分路径，路径 a-b 对应水头不变的等开度线；路径 b-c 对应水头不变的等转速线，路径 c-d 为变水头线。

已知某一工况点 a 的力矩相对偏差 $m_{ta}(x_a\ y_a\ h_a)$，则对于任意工况点 d，其力矩相对偏差可以表示为

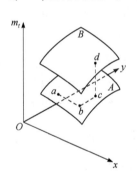

图 2-33　水轮机力矩相对偏差瞬态过程曲面簇法

$$
\begin{aligned}
m_{td}\begin{pmatrix} x_d & y_d & h_d \end{pmatrix} &= m_{ta}\begin{pmatrix} x_a & y_a & h_a \end{pmatrix} + \int_a^d \mathrm{d}m_t \\
&= m_{ta}\begin{pmatrix} x_a & y_a & h_a \end{pmatrix} + \int_a^b \mathrm{d}m_t + \int_b^c \mathrm{d}m_t + \int_c^d \mathrm{d}m_t \quad\quad (2\text{-}41) \\
&= m_{ta}\begin{pmatrix} x_a & y_a & h_a \end{pmatrix} + \int_{x_a}^{x_d} e_{mx}\mathrm{d}x + \int_{y_a}^{y_d} e_{my}\mathrm{d}y + \int_{h_a}^{h_d} e_{mh}\mathrm{d}h
\end{aligned}
$$

同理，当已知某一工况的 a 的机组流量 $q_a(x_a\ y_a\ h_a)$，对于任意工况点 d，其机组流量可以表示为

$$
q_d\begin{pmatrix} x_d & y_d & h_d \end{pmatrix} = q_a\begin{pmatrix} x_a & y_a & h_a \end{pmatrix} + \int_{x_a}^{x_d} e_{qx}\mathrm{d}x + \int_{y_a}^{y_d} e_{qy}\mathrm{d}y + \int_{h_a}^{h_d} e_{qh}\mathrm{d}h \quad\quad (2\text{-}42)
$$

综上所述，式(2-41)和式(2-42)为水轮机力矩相对偏差和流量相对偏差特征方程，可以描述水轮机调节系统瞬态特性。

在本小节中考虑压力管道刚性水击情况下，压力管道动态特性可以表示为

$$h = -T_w \frac{dq}{dt} \tag{2-43}$$

式中，T_w 表示压力管道水流惯性时间常数，s。

水轮机力矩和负荷力矩相互影响下的机组转速动态特性可以表示为

$$T_{ab}\frac{dx}{dt} + e_n x = m_t - m_{g0} \tag{2-44}$$

式中，$T_{ab}=T_a+T_b$，T_a 和 T_b 分别表示发电机和负荷惯性时间常数；e_n 为综合自调节系数。

在甩负荷过渡过程中，水轮机调节系统参数与其传递系数关系表达式可以表示为[11]

$$e_{mx} = -0.16x - 0.3, e_{mh} = 1.67y, \; e_{my} = \begin{cases} 1.548(1-0.6x), & (0 \leqslant y < 0.6) \\ 1.2(1-0.6x), & (0.6 \leqslant y < 0.85) \\ 0.385(1-0.6x), & (0.85 \leqslant y \leqslant 1) \end{cases} \tag{2-45}$$

$$e_{qx} = -0.15, \; e_{qy} = 1.65 - y, \; e_{qh} = 0.17 + 0.4y \tag{2-46}$$

对于甩负荷过渡过程，假设水轮机力矩初始工况点 a 的力矩相对偏差 $m_{ta}=1$。因此，在甩负荷过渡过程中任意工况点水轮机力矩相对偏差表达式可以表示为

$$m_t\begin{pmatrix} x & y & h \end{pmatrix} = 1 + \int_1^x e_{mx}dx + \int_1^y e_{my}dy + \int_1^h e_{mh}dh \tag{2-47}$$

将式(2-45)代入式(2-47)，可得水轮机力矩相对偏差瞬态表达式为

$$m_t\begin{pmatrix} x & y & h \end{pmatrix}$$

$$= \begin{cases} 0.995 - 0.08x^2 - 0.069x + 1.67y(h-1) + 0.385(1-0.6x)y, & (0.85 \leqslant y \leqslant 1) \\ 0.36 - 0.08x^2 + 0.312x + 1.67y(h-1) + (1.2y - 0.058)(1-0.6x), & (0.6 \leqslant y < 0.85) \\ 1.38 - 0.08x^2 - 0.3x + 1.67y(h-1) - 1.29(1-0.6x), & (0 \leqslant y < 0.6) \end{cases}$$

$$\tag{2-48}$$

同样，假设水轮机流量初始工况点 a 流量相对偏差 $q_a=1$，则水轮机流量相对偏差在该过渡过程中动态表达式为

$$q\begin{pmatrix} x & y & h \end{pmatrix} = 1 + \int_1^x e_{qx}dx + \int_1^y e_{qy}dy - e_{qh}T_w\frac{dq}{dt} \tag{2-49}$$

将式(2-46)代入式(2-49)，可得流量相对偏差瞬态表达式为

$$q\begin{pmatrix}x & y & h\end{pmatrix}=1.65y-0.5y^2-0.15x-\left(0.17+0.4y\right)T_w\frac{dq}{dt} \tag{2-50}$$

结合式(2-43)、式(2-44)、式(2-47)和式(2-50)可得水轮机调节系统在甩负荷过渡过程瞬态动力学模型如式(2-51)所示。

$$
\begin{cases}
\dfrac{dx}{dt}=\dfrac{1}{T_{ab}}\left(m_t-e_n x-m_{g0}\right)\\[2mm]
\dfrac{dq}{dt}=\dfrac{1}{\left(0.17+0.4y\right)T_w}\left(q-1.65y+0.5y^2+0.15x\right)\\[2mm]
\dfrac{dh}{dt}=\dfrac{\left(0.17+0.4y\right)\left(q'-1.65w_Y+yw_Y+0.15x'\right)}{\left(0.17+0.4y\right)^2 T_w}\\[2mm]
\qquad -\dfrac{\left(0.4qw_Y-0.66yw_Y+0.2w_Y y^2+0.06xw_Y\right)}{\left(0.17+0.4y\right)^2 T_w}\\[2mm]
\dfrac{dm_t}{dt}=\begin{cases}
1.67yh'+(1.67h-1.285)w_Y-(0.16x+0.231y+0.069)x', & (0.85\leqslant y\leqslant1)\\
(0.3468-0.16x-0.72y)x'+1.67yh'+(1.67h-0.72x-0.47)w_Y, & (0.6\leqslant y<0.85)\\
(0.474-0.16x)x'+1.67yh'+1.67(h-1)w_Y, & (0\leqslant y<0.6)
\end{cases}\\[2mm]
\dfrac{dy}{dt}=w_Y
\end{cases}
$$

$$\tag{2-51}$$

式中，w_Y 为导叶关闭速率，s^{-1}。

2.4.2　甩负荷过渡过程瞬态特性分析

基于 2.4.1 小节所建立的水轮机调节系统瞬态动力学模型式(2-51)，进行甩负荷过渡过程动力学分析，设计不同导叶关闭规律如图 2-34 所示。

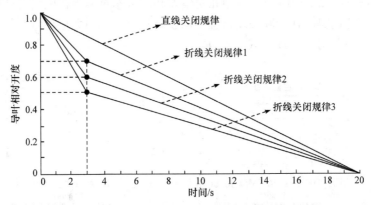

图 2-34　水轮机调节系统甩负荷过渡过程导叶关闭规律

　　导叶关闭规律主要有直线关闭规律和折线关闭规律两种，其中折线关闭规律通过改变折点可以改善水轮机调节系统瞬态特性而被工程实际普遍采用。本小节选取 1 种导叶直线关闭规律和 3 种折线关闭规律进行仿真，探究导叶关闭规律对水轮机调节系统瞬态特性的影响规律。其中导叶关闭时间均为 20s，折线关闭规律中折点设置在 3s，导叶相对开度分别为 0.7、0.6 和 0.5。甩负荷过渡过程中导叶折线关闭规律特征如表 2-1 所示。

表 2-1　甩负荷过渡过程中导叶折线关闭规律特征

参数	折线关闭规律 1	折线关闭规律 2	折线关闭规律 3
折点导叶相对开度	0.7	0.6	0.5
折点时间/s	3	3	3
初始导叶相对开度	1.0	1.0	1.0
结束导叶相对开度	0	0	0
总时间/s	20	20	20

　　为了深入分析甩负荷过渡过程中，导叶直线关闭规律对水轮机调节系统瞬态特性影响，分别分析系统转速、水头、力矩和流量的相对偏差在导叶关闭过程中的瞬态特性。

　　图 2-35 为导叶直线关闭规律下，水轮机调节系统转速相对偏差、水头相对偏差、力矩相对偏差和流量相对偏差在甩负荷过渡过程中的瞬态特性。图 2-35(a) 为转速相对偏差瞬态特性，分析可知，转速相对偏差逐渐增加，在 8s 时达到最大值 0.36，随后迅速减小。图 2-35(b) 为水头相对偏差瞬态特性，由图 2-35(b) 可知，水头相对偏差先经历小幅增加，在 2.5s 后迅速上升，在 20s 时达到最大值 0.76。对比图 2-35(c) 和图 2-35(d) 可知，力矩相对偏差和流量相对偏差在甩负荷过渡过程中具有相似变化趋势，在导叶关闭过程中均逐渐减小，其中力矩相对偏差在 12s 时达到 –1，流量相对偏差逐渐减小到 –1。

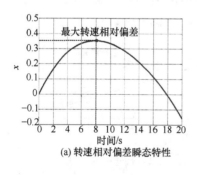

(a) 转速相对偏差瞬态特性

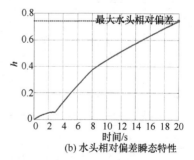

(b) 水头相对偏差瞬态特性

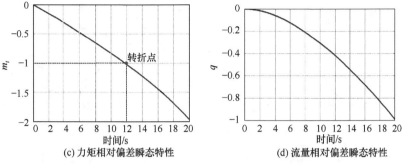

(c) 力矩相对偏差瞬态特性　　　　　(d) 流量相对偏差瞬态特性

图 2-35　导叶直线关闭规律下水轮机调节系统甩负荷瞬态特性

　　为了对比分析甩负荷过渡过程中导叶折线关闭规律对水轮机调节系统瞬态特性影响规律，设置不同导叶折点对系统转速相对偏差、水头相对偏差、力矩相对偏差和流量相对偏差瞬态特性进行分析。

　　图 2-36 为采用两段导叶折线关闭规律时，水轮机调节系统转速相对偏差、水头相对偏差、力矩相对偏差和流量相对偏差甩负荷瞬态特性。图 2-36(a)为转速相对偏差瞬态特性，分析可知，水轮机转速相对偏差在三种导叶折线关闭规律下均呈现先增加后减小的变化规律。在前 3s 内转速变化趋势较为接近，随后导叶关闭规律 1～3 分别在 6.2s、5.1s 和 4.3s 时达到最大转速相对偏差，分别为 0.32、0.27 和 0.24。图 2-36(b)为水头相对偏差瞬态特性，分析可知，水头相对偏差在甩负荷过渡过程中经历剧烈波动，其中在折线关闭规律 2 和折线关闭规律 3 下，水头相对偏差在 3s 达到最大值，分别为 0.68 和 0.99，而折线关闭规律 1 的水头相对偏差在 20s 时达到最大值 0.65。折线关闭规律 1 下水头相对偏差在 9s 之前始终比另两种折线关闭规律低，且峰值小于另两种折线关闭规律。说明水轮机调节系统在折线关闭规律 1 下可以获得较好的水头瞬态特性。图 2-36(c)和图 2-36(d)分别为力矩相对偏差和流量相对偏差瞬态特性，对比分析可知，在导叶不同折线关闭规律下水轮机流量相对偏差和力矩相对偏差呈现出较为相似的变化趋势。其中在导叶折线关闭规律 1 下，水轮机流量相对偏差和力矩相对偏差减小趋势较缓，在导叶折线关闭规律 3 下，水轮机流量相对偏差和力矩相对偏差减小趋势最快。

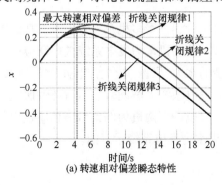

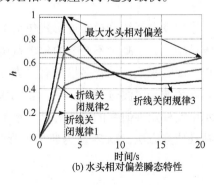

(a) 转速相对偏差瞬态特性　　　　　(b) 水头相对偏差瞬态特性

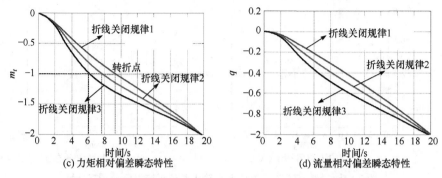

图 2-36 导叶折线关闭规律下水轮机调节系统甩负荷瞬态特性

水轮机调节系统在甩负荷过渡过程中导叶直线和导叶折线关闭规律下的瞬态特征如表 2-2 所示。

表 2-2 水轮机调节系统甩负荷过渡过程导叶直线和折线关闭规律下的瞬态特征

系统特征	直线关闭规律	折线关闭规律 1	折线关闭规律 2	折线关闭规律 3
最大转速相对偏差	0.36	0.32	0.27	0.24
最大水头相对偏差	0.76	0.65	0.68	0.99
力矩相对偏差转折点时间/s	12.0	8.3	7.8	6.0

由表 2-2 可知,在甩负荷过渡过程中,与导叶直线关闭规律相比,导叶折线关闭规律可以获得更好的水轮机调节系统瞬态特性。对于不同的导叶折线关闭规律,折点设置可以改善水轮机调节系统瞬态特性,其目的主要是调节水轮机最大转速相对偏差和最大水头相对偏差之间平衡。

2.5 一管多机水力发电系统大波动暂态建模及动力学分析

水力发电系统管道布置形式包括单机单管、一管多机及多管多机。在大中型水电站中,为了减少不必要的建设费用,一管多机水力发电系统被广泛应用。相对单机单管来说,一管多机具有更为复杂的水力-机械-电气耦合动力学特性,尤其是在大波动过渡过程中,一管多机水力发电系统大波动暂态运行特性研究已成为水电站稳定性研究的迫切需求。本节主要以一管两机为例,给出相应建模与动态特性研究方法。图 2-37 为典型一管两机水力发电系统示意图。

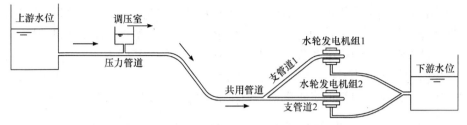

图 2-37　典型一管两机水力发电系统示意图

2.5.1　一管多机水轮机动力学模型

根据 2.2.1 小节所述内特性法，基于 6 个传递系数(e_{mx}、e_{my}、e_{mh}、e_{qx}、e_{qy} 和 e_{qh})表示的水轮机动力学模型为

$$\begin{cases} m_{ti} = e_{mxi}x_i + e_{myi}y_i + e_{mhi}h_i \\ q_i = e_{qxi}x_i + e_{qyi}y_i + e_{qhi}h_i \end{cases} (i=1,2) \quad (2\text{-}52)$$

式中，i 为支管道个数，对于一管两机，i=1,2。

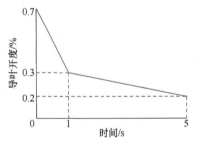

图 2-38　支管道 1 在突减负荷过渡过程
中导叶关闭方式

式(2-52)中，水轮机非线性模型建立的关键是求解运行工况(支管道 2 正常运行的情况下，支管道 1 突减负荷)下两支管道的动态传递系数。假设支管道 1 突减负荷过渡过程持续时间为 5s，导叶采用如图 2-38 所示两段折线关闭方式，基于 2.2.1 小节水轮机动态传递系数的建立方法，可以得到在突减负荷过渡过程中水轮机动态传递系数随时间 t 的表达式为

$$\begin{cases} e_{my1} = \dfrac{1}{5}\cos 4\pi t - \dfrac{12}{5}e^{-t} + \dfrac{37}{10} \\[2mm] e_{mx1} = \dfrac{1}{10}\cos 4\pi t - \dfrac{11}{10}e^{-t} + \dfrac{3}{10} \\[2mm] e_{mh1} = \dfrac{4}{25}\cos 4\pi t + \dfrac{7}{5}e^{-t} + \dfrac{3}{20} \\[2mm] e_{qy1} = \dfrac{2}{25}\sin 4\pi t - \dfrac{4}{5}e^{-t} + \dfrac{11}{5} \\[2mm] e_{qx1} = \dfrac{1}{50}\sin 4\pi t - \dfrac{21}{100}e^{-t} + \dfrac{7}{100} \\[2mm] e_{qh1} = \dfrac{1}{25}\sin 4\pi t + \dfrac{23}{60}e^{-t} + \dfrac{1}{5} \end{cases} \quad (2\text{-}53)$$

由于支管道 2 处于正常运行状态，支管道 1 对支管道 2 产生的动态影响主要来自共用管道的水力耦合效应，但这种耦合效应的影响是有限的，可以假设共用

管道耦合效应引起支管道 2 的负荷波动范围为±20%。此外，由于支管道 2 的运行特性事先不可预测，故认为与支管道 2 相连的水轮机模型具有简单随机特性。因此，假设支管道 2 的传递系数在图 2-3 限定的±20%负荷范围内随机波动，令传递系数以时间 t 为尺度产生六组随机动态组合，利用最小二乘法进行 5 次多项式拟合，则可得到支管道 2 的水轮机动态传递系数的 5 次多项式系数为

$$
\begin{bmatrix}
e_{my2} \\
e_{mx2} \\
e_{mh2} \\
e_{qy2} \\
e_{qx2} \\
e_{qh2}
\end{bmatrix}
=
\begin{bmatrix}
-0.0354 & 0.4080 & -1.5562 & 2.0064 & 0 & 0.8797 \\
-0.0026 & 0.0185 & -0.0121 & -0.0875 & 0 & -0.6033 \\
0.0212 & -0.2462 & 0.9250 & -1.1195 & 0 & 1.8812 \\
0.0164 & -0.1944 & 0.7613 & -1.0039 & 0 & 1.5736 \\
0.0048 & -0.0556 & 0.2145 & -0.2817 & 0 & -0.0493 \\
-0.0040 & 0.0353 & -0.0858 & 0.0412 & 0 & 0.5796
\end{bmatrix}
\tag{2-54}
$$

将式(2-53)和式(2-54)代入式(2-52)，可分别得到与支管道 1 和支管道 2 相连的水轮机动力学模型。

2.5.2　一管多机水力发电系统非线性模型

1. 复杂管系压力管道模型

本小节以一管两机水力发电系统压力管道为例，其简图如图 2-39 所示。

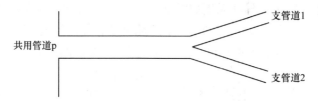

图 2-39　一管两机水力发电系统压力管道简图

假设管壁与水体为弹性体，则对于任意支管道 i，其管道水击传递函数可以表示为

$$
G_{\mathrm{D}i} = \frac{-T_{\mathrm{wp}}s - T_{\mathrm{w}i}s}{1 + \dfrac{T_{\mathrm{w}i}T_{\mathrm{wp}}s^2}{4h_{\mathrm{w}i}^2}}
\tag{2-55}
$$

式中，T_{wp} 为共用管道的水流惯性时间常数，s；$T_{\mathrm{w}i}$ 为支管道 i 的水流惯性时间常数，s；$h_{\mathrm{w}i}$ 为支管道 i 的管道特征系数。

式(2-55)可以改写为如式(2-56)所示的输入输出微分方程。

$$
h'' + a_1 h = b_1 q'
\tag{2-56}
$$

微分方程式(2-56)可进一步转换为状态空间形式，得到一管两机压力管道模型为

$$\begin{cases} x_1' = x_2 + b_1 q \\ x_2' = -a_1 x_1 \\ x_1 = h \end{cases} \tag{2-57}$$

式中，$a_1 = \dfrac{4h_{wi}^2}{T_{wi}T_{wp}}$；$b_1 = -4\dfrac{h_{wi}^2 T_{wp} + h_{wi}^2 T_{wi}}{T_{wi}T_{wp}}$；$i = 1, 2$。

2. 三阶发电机模型

发电机模型基本框架采用文献[15]提出的三阶发电机模型，对一管两机系统，其各支管道 i 的发电机模型为

$$\begin{cases} \dot{\delta}_i = \omega_0 \omega_i \\ \dot{\omega}_i = \dfrac{1}{T_{ab}}(m_{ti} - P_e - D\omega_i) \\ \dot{E}_q' = -\dfrac{\omega_0}{T_d}\dfrac{x_{d\Sigma}}{x_{d\Sigma}'}E_q' + \dfrac{\omega_0}{T_d}\dfrac{x_{d\Sigma} - x_{d\Sigma}'}{x_{d\Sigma}'}V_s \cos\delta_i + \dfrac{\omega_0}{T_d}E_f \end{cases}, (i = 1, 2) \tag{2-58}$$

式中，δ 为发电机功角标幺值；ω 为发电机角速度标幺值；D 为阻尼系数，rad；T_{ab} 为水轮机惯性时间常数，s；E_q' 为发电机 q 轴暂态电势标幺值；E_f 为励磁控制器输出标幺值；T_d 为 d 轴暂态时间常数，s；P_e 为发电机电磁功率，可认为 P_e 等效于发电机电磁力矩 m_e，求解方程如式(2-21)和式(2-22)所示。

值得指出的是，在式(2-58)中，对于与支管道 1 相连的发电机，其水轮机力矩相对偏差 m_t、发电机功角 δ 和发电机角速度 ω 等表达式中的水轮机动态传递系数来自式(2-53)。而对于与支管道 2 相连的发电机，相应方程中水轮机动态传递系数选取式(2-54)。

3. 调速器模型

支管道 1 与支管道 2 的调速器模型均选取普遍适用的并联 PID 控制器，对于任意支管道 i，其调速器的动态输出特性可以表示为

$$\dot{y}_i = \dfrac{1}{T_y}\left(-k_p\omega_i - \dfrac{k_i}{\omega_0}\delta_i - k_d\dot{\omega}_i - y_i\right), (i = 1, 2) \tag{2-59}$$

式中，k_p、k_i、k_d 分别为比例、积分和微分的调节系数；T_y 为接力器反应时间常数，s。

综上所述，将一管两机水力发电系统各个子系统非线性耦合，可以得到系统在大波动暂态运行工况下，即支管道 2 正常运行的情况下，支管道 1 突减负荷运

行的非线性动态数学模型：

$$
\begin{cases}
x'_{1i} = x_{2i} - 4\dfrac{h_{\mathrm{w}}^2 T_{\mathrm{wp}} + h_{\mathrm{w}}^2 T_{\mathrm{w}}}{T_{\mathrm{w}} T_{\mathrm{wp}}}\left(e_{qxi}\dfrac{\omega_i}{2\pi} + e_{qyi}y_i + e_{qhi}x_{1i}\right) \\[2mm]
x'_{2i} = -\dfrac{4h_{\mathrm{w}}^2}{T_{\mathrm{w}} T_{\mathrm{wp}}}x_{1i} \\[2mm]
\dot{\delta}_i = \omega_0 \omega_i \\[2mm]
\dot{\omega}_i = \dfrac{1}{T_{ab}}\left[\left(e_{mxi}\dfrac{\omega_i}{2\pi} + e_{myi}y_i + e_{mhi}x_{1i}\right) - D\omega_i \right. \\[2mm]
\qquad\qquad \left. - \dfrac{E'_q V_s}{x'_{d\Sigma i}}\sin\delta_i - \dfrac{V_s^2}{2}\dfrac{x'_{d\Sigma i} - x_{q\Sigma}}{x'_{d\Sigma i}x_{q\Sigma}}\sin 2\delta_i \right] \\[2mm]
\dot{E}'_q = -\dfrac{\omega_0}{T_d}\dfrac{x_{d\Sigma}}{x'_{d\Sigma}}E'_{qi} + \dfrac{\omega_0}{T_d}\dfrac{x_{d\Sigma} - x'_{d\Sigma}}{x'_{d\Sigma}}V_s\cos\delta_i + \dfrac{\omega_0}{T_d}E_f \\[2mm]
\dot{y}_i = \dfrac{1}{T_y}\left(-k_{\mathrm{p}i}\omega_i - \dfrac{k_{\mathrm{i}i}}{\omega_0}\delta_i - k_{\mathrm{d}i}\dot{\omega}_i - y_i\right)
\end{cases}
\quad ,\ (i{=}1,2) \qquad (2\text{-}60)
$$

2.5.3　动力学分析

为了研究水力发电系统的动力学演进规律，利用龙格库塔法对已建立的水力发电系统非线性数学模型式(2-60)进行数值计算，其中迭代步长为0.1，迭代次数为1000，$(x'_{1i}, x'_{2i}, \delta_i, \omega_i, E'_q, y_i)$ 初值为 $(0.001,\ 0,\ 0,\ 0,\ 0,\ 0)$。一管两机水力发电系统参数取值如表2-3所示。

表2-3　一管两机水力发电系统参数取值

系统参数	数值	系统参数	数值
T_{wp}	2	T_{ab}	8
ω_0	314	$x'_{d\Sigma 1}$	3
D	0.5	$x'_{d\Sigma 2}$	4
E'_q	1.35	$k_{\mathrm{p}1}$	10
$x'_{q\Sigma}$	2	$k_{\mathrm{i}1}$	2
V_s	0.8	$k_{\mathrm{d}1}$	6
T_y	0.1	$k_{\mathrm{p}2}$	10
T_{w}	1	$k_{\mathrm{i}2}$	5
h_{w}	1	$k_{\mathrm{d}2}$	0.6

由于发电机角速度等效于机组转速，本小节采用转速相对偏差 x 代替发电机

角速度ω进行动力学分析。一管两机水力发电系统转速相对偏差随导叶关闭时间的动态响应如图 2-40 所示。观察图 2-40，当 $0s \leqslant t \leqslant 0.35s$ 时，支管道 1 的转速响应出现混沌，支管道 2 出现分岔现象，说明在大波动过渡过程初始阶段系统就产生水力-机械-电气参数的异常变化。当 $0.35s < t \leqslant 5s$ 时，支管道 1 出现分岔现象，最大转速相对偏差 x 达到 0.038；相对地，支管道 2 在此阶段波动较小，最大转速相对偏差 $x=0.0051$。在大波动暂态过程中，支管道 1 的转速相对偏差 x 恒大于支管道 2，且支管道 1 出现更为复杂的混沌响应，这是因为支管道 1 处于突减负荷状态，支管道 1 对共用管道的耦合效应促使支管道 2 产生一定程度的水力波动。

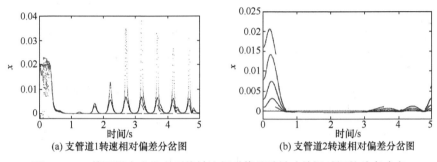

(a) 支管道1转速相对偏差分岔图   (b) 支管道2转速相对偏差分岔图

图 2-40   一管两机水力发电系统转速相对偏差随导叶关闭时间的动态响应

为了深入分析系统支管道 1 和支管道 2 的相互影响作用，绘制典型导叶关闭不同时间点对应的一管两机系统动态响应，如图 2-41～图 2-43 所示。

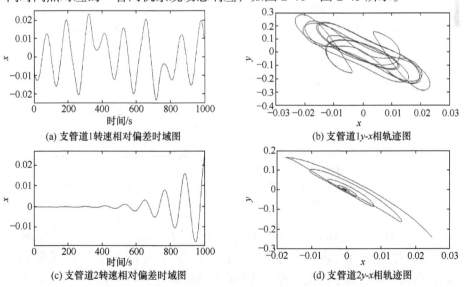

(a) 支管道1转速相对偏差时域图   (b) 支管道1y-x相轨迹图

(c) 支管道2转速相对偏差时域图   (d) 支管道2y-x相轨迹图

图 2-41   导叶关闭时间 $t=0s$ 时一管两机系统动态响应

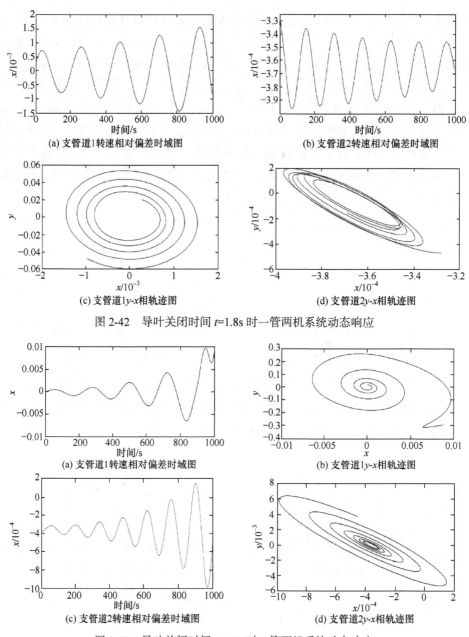

图 2-42　导叶关闭时间 t=1.8s 时一管两机系统动态响应

图 2-43　导叶关闭时间 t=4.7s 时一管两机系统动态响应

　　从图 2-41 可以看出，当导叶关闭时间 t=0s 时，支管道 1 动态响应时域图中出现不规则振荡，相空间存在奇怪吸引子；支管道 2 时域图随时间呈发散状态，相轨迹由内向外扩散。这说明此工况下两支管道均处于失稳状态，且支管道 1 运行状态明显比支管道 2 恶劣。

在图 2-42 中，当导叶关闭时间 t=1.8s 时，支管道 1 的时域图与相轨迹图均呈发散现象，而支管道 2 为逐渐收敛状态，表示此时支管道 1 为失稳状态，支管道 2 若持续收敛则为稳定状态。

由图 2-43 可知，当导叶关闭时间 t=4.7s 时，两支管道均随时间逐渐发散，但支管道 1 发散现象更为明显，说明此时水轮机调节系统不能安全稳定运行。

2.6 本章小结

本章考虑水轮机调节系统在瞬态运行过程中的多重影响因素，分别建立了针对甩负荷、增减负荷等典型过渡过程的实用动态数学模型，并根据不同布置方式，通过数值模拟分析了水轮机调节系统的非线性动力学特性和系统参数的变化规律，主要结论如下：

(1) 系统在突增负荷初始阶段动态响应迟缓，具有非线性时滞特性；在突增负荷后期，响应出现混沌现象，预示系统可能会出现调节失控现象，应引起重视。导叶折线关闭拐点对系统关键指标运行造成不利影响，优化导叶开启规律对机组动态品质的改善起到积极作用。

(2) 在突减负荷暂态过程中出现了混沌和分岔等动力学现象，且系统失稳响应主要集中在突减负荷初始阶段。在甩负荷过渡过程中 PID 控制器参数保持不变时，水轮机调节系统在机组转速上升阶段($0s \leqslant t < 0.22s$)和下降阶段($2.63s < t \leqslant 3s$)处于失稳状态，而在中间的过渡阶段($0.22s < t < 2.63s$)处于稳定状态。

(3) 通过引入动态传递系数，建立了适用于开机过渡过程的水轮机调节系统非线性动力学模型。利用全局分岔图对比分析了导叶分段折线开启规律和直线开启规律下，水轮机调节系统在开机过渡过程中的动态特性。仿真结果表明，导叶开启规律对水轮机调节系统开机过渡过程动态特性有重要影响。

(4) 在甩负荷过渡过程中，导叶直线关闭规律下，水轮机调节系统最大转速相对偏差大于导叶折线关闭规律下的最大转速相对偏差。因此，在甩负荷过渡过程中导叶折线关闭规律可以获得更好水轮机调节系统瞬态特性。在导叶关闭时间不变的情况下，最大转速相对偏差随转折点处导叶开度相对偏差增大而增加，最大水头相对偏差随转折点处导叶开度相对偏差增大而减小，故在相同关闭时间内，导叶关闭规律转折点设置需要平衡最大转速相对偏差和最大水头相对偏差。

(5) 当一管两机系统运行工况为支管道 2 正常运行，支管道 1 突减负荷时，研究结果表明，在大波动过渡过程初始阶段两支管道均产生水力-机械-电气参数的异常变化。支管道 1 对共用管道的耦合效应促使支管道 2 产生一定程度的水力波动。同时，支管道 1 波动响应总是大于支管道 2，且出现更为复杂的混沌响应。

参 考 文 献

[1] 赵桂连. 水电站水机电联合过渡过程研究[D]. 武汉: 武汉大学, 2004.

[2] 凌代俭. 水轮机调节系统分岔与混沌特性的研究[D]. 南京: 河海大学, 2007.

[3] LI C S, MAO Y F, YANG J D, et al. A nonlinear generalized predictive control for pumped storage unit[J]. Renewable Energy, 2017, 114: 945-959.

[4] CHEN D Y, DING C, DO Y H, et al. Nonlinear dynamic analysis for a Francis hydro-turbine governing system and its control[J]. Journal of the Franklin Institute-Engineering and Applied Mathematics, 2014, 351(9): 4596-4618.

[5] 凌代俭, 沈祖诒. 考虑饱和非线性环节的水轮机调节系统的分叉分析[J]. 水力发电学报, 2007(6): 126-131.

[6] AVDYUSHENKO A Y, CHERNY S G, CHIRKOV D V, et al. Numerical simulation of transient processes in hydroturbines[J]. Thermophysics and Aeromechanics, 2013, 20(5): 577-593.

[7] PICO H V, MCCALLEY J D, ANGEL A, et al. Analysis of very low frequency oscillations in hydro-dominant power systems using multi-unit modeling[J]. IEEE Transactions Power Systems, 2012, 27(4): 1906-1915.

[8] 许贝贝. 水力发电系统分数阶动力学模型与稳定性[D]. 杨凌: 西北农林科技大学, 2017.

[9] FORTIN M, HOUDE S, DESCHENES C. A hydrodynamic study of a propeller turbine during a transient runaway event initiated at the best efficiency point[J]. Journal of Fluids Engineering, 2018, 140(12): 121103.

[10] 刘宪林, 高慧敏. 水轮机传递系数计算方法的比较研究[J]. 郑州大学学报(工学版), 2003(4): 1-5.

[11] ZHANG H , CHEN D Y, XU B B, et al. Nonlinear modeling and dynamic analysis of hydro-turbine governing system in the process of load rejection transient[J]. Energy Conversion and Management, 2015, 90: 128-137.

[12] 黄树良. 水轮机调速器运行仿真系统的设计与研制[D]. 大连: 大连理工大学, 2001.

[13] 沈祖诒. 水轮机调速系统分析[M]. 北京: 中国水利水电出版社, 1996.

[14] 魏守平. 水轮机调节[M]. 武汉: 华中科技大学出版社, 2009.

[15] CHEN D Y, DING C, MA X Y, et al. Nonlinear dynamical analysis of hydro-turbine governing system with a surge tank[J]. Applied Mathematical Modelling, 2013, 37(14-15): 7611-7623.

第3章 多尺度效应下水轮机调节系统
动力学建模分析

3.1 引　言

多尺度动力学作为非线性动力学的重要组成部分,可以从动力学角度揭示多尺度对象的非线性本质特征[1-3]。快慢效应不仅来自快慢变化速率,还来自几何尺度效应。例如,飞行器高速平移与低速旋转之间的耦合是典型快慢行为;生物细胞快速代谢过程和缓慢遗传变化也是快慢行为[4-6]。在数学建模过程中,快慢变化反映在变化率上,即通过无量纲转换,状态变量变化率可反映这种快慢变化[7-9]。

水轮机调节系统在瞬态运行过程中,水力、机械和电气等各子系统的响应速率存在时间尺度差异,因此难以获得同一时间尺度的水轮机调节系统精确瞬态模型。然而,水轮机调节系统中存在的多尺度耦合效应可能导致簇发振荡和混沌等复杂动力学现象,对水电站安全稳定运行产生不同程度的影响[10]。因此,有必要从多尺度效应角度出发,对水轮机调节系统进行理论建模和稳定性分析。

为了研究多尺度效应对水轮机调节系统动态特性及稳定性影响,本章考虑机械系统惯性和响应时间影响,在水轮机调节系统模型中引入标度因子,构建多时间尺度水轮机调节系统模型,并探究多时间尺度下水轮机调节系统的动力学行为。进一步地,考虑系统工况点在瞬态过程中持续变化,通过引入周期激励形式的传递系数来描述水轮机调节系统瞬态特性,并详细分析激励频率和强度对水轮机调节系统瞬态特性的影响规律。在不同激励影响下,分析水轮机调节系统快慢效应,进而给出抑制水轮机调节系统快慢效应的有效措施。

3.2 多时间尺度耦合水轮机调节系统

水力发电机组在实际运行过程中可能会出现不同程度快慢动力学效应。例如,在哈尔滨大电机研究所高2试验台上进行水轮机压力脉动实验,实验的测点 *A* 处和 *B* 处压力脉动波形图均为多倍转频压力脉动,测点 *B* 处压力脉动在波峰处呈现高频小幅振荡现象,随后通过压力脉动快速大幅跃变再次进入高频小幅振荡区,这种现象在非线性动力学中称为快慢动力学效应[11]。在混流式水轮机转子动平衡试验过程中，变转速试验分别在 $0.5n_r$、$0.75n_r$、n_r 和 $1.15n_r$ 四种工况下进行，试验结果显示，上导轴承在 X 和 Y 方向摆度均表现为高频小幅振荡和低频大幅振荡交替出现。结果表明，在水轮机变转速过程中，轴系系统可能会产生一定程度快慢效应[12]。然而，目前尚未有关于水力发电机组在实际运行过程中的快慢动力学效应研究，本章尝试从快慢动力学角度探究水轮机调节系统在多尺度耦合作用下的动态特性及其演化规律。

水轮机调节系统多尺度建模是水力发电系统精确建模的关键。迄今为止，大部分研究都是基于同一尺度下水轮机调节系统各个状态变量。而在实际运行过程中，由于水力、机械和电气等影响，动作和响应时间不同(响应量级分别为十秒级，秒级和毫秒级)，水轮机调节系统往往涉及多时间尺度[13,14]。对于水轮机调节系统多时间尺度耦合模型，目前还没有比较深入的研究。本章基于快慢变化导叶开度条件下，对水轮机调节系统进行重新标度，得到多时间尺度下水轮机调节系统模型。通过数值模拟分析多时间尺度对水轮机调节系统动力学行为的影响规律，研究多时间尺度下水轮机调节系统快慢动力学行为和演化规律，并对系统稳定域进行理论分析和仿真验证，为探究多时间尺度耦合水轮机调节系统瞬态特性和稳定性提供新思路。

3.2.1　多时间尺度水轮机调节系统动力学模型

混流式水轮机动态特性方程可描述为[15,16]

$$\begin{cases} M_t = M_t(H,N,Y) \\ Q = Q(H,N,Y) \end{cases} \tag{3-1}$$

式中，M_t 为水轮机力矩，N·m；Q 为流量，m³/s；H 为水头，m；N 为转速，r/min；Y 为导叶开度，%。

利用泰勒级数展开，式(3-1)可以表示为

$$\begin{cases} \dfrac{M_t - M_{t0}}{M_{tR}} = \dfrac{\partial \frac{M_t}{M_{tR}}}{\partial \frac{N}{N_R}}\dfrac{N-N_0}{N_R} + \dfrac{\partial \frac{M_t}{M_{tR}}}{\partial \frac{Y}{Y_{max}}}\dfrac{Y-Y_0}{Y_{max}} + \dfrac{\partial \frac{M_t}{M_{tR}}}{\partial \frac{H}{H_R}}\dfrac{H-H_0}{H_R} \\[4mm] \dfrac{Q-Q_0}{Q_R} = \dfrac{\partial \frac{Q}{Q_R}}{\partial \frac{N}{N_R}}\dfrac{Y-Y_0}{N_R} + \dfrac{\partial \frac{Q}{Q_R}}{\partial \frac{Y}{Y_{max}}}\dfrac{Y-Y_0}{Y_{max}} + \dfrac{\partial \frac{Q}{Q_R}}{\partial \frac{H}{H_R}}\dfrac{Y-Y_0}{Y_{max}} \end{cases} \tag{3-2}$$

式中，下标 0 和 R 分别为水轮机的稳定工况和水轮机的额定工况。将式(3-2)简化为

$$\begin{cases} \dfrac{M_t}{M_{tR}} = \dfrac{\partial m_t}{\partial x}\dfrac{N-N_0}{N_R} + \dfrac{\partial m_t}{\partial y}\dfrac{Y-Y_0}{Y_{max}} + \dfrac{\partial m_t}{\partial h}\dfrac{H-H_0}{H_R} \\[2mm] \dfrac{Q}{Q_R} = \dfrac{\partial q}{\partial x}\dfrac{Y-Y_0}{N_R} + \dfrac{\partial q}{\partial y}\dfrac{Y-Y_0}{Y_{max}} + \dfrac{\partial q}{\partial h}\dfrac{Y-Y_0}{Y_{max}} \end{cases} \tag{3-3}$$

式中，$\dfrac{\partial m_t}{\partial x} = \dfrac{\partial \dfrac{M_t}{M_{tR}}}{\partial \dfrac{N}{N_{max}}}$ ； $\dfrac{\partial m_t}{\partial y} = \dfrac{\partial \dfrac{M_t}{M_{tR}}}{\partial \dfrac{Y}{Y_{max}}}$ ； $\dfrac{\partial m_t}{\partial h} = \dfrac{\partial \dfrac{M_t}{M_{tR}}}{\partial \dfrac{H}{H_{max}}}$ ； $\dfrac{\partial q}{\partial x} = \dfrac{\partial \dfrac{Q}{Q_R}}{\partial \dfrac{N}{N_{max}}}$ ； $\dfrac{\partial q}{\partial y} = \dfrac{\partial \dfrac{Q}{Q_R}}{\partial \dfrac{Y}{Y_{max}}}$ ；

$\dfrac{\partial q}{\partial h} = \dfrac{\partial \dfrac{Q}{Q_R}}{\partial \dfrac{H}{H_{max}}}$ 。

假设导叶开度近似等于接力器行程。利用泰勒级数展开，可将式(3-3)转化为[17]

$$\begin{cases} m_t = e_{mx}x + e_{my}y + e_{mh}h \\ q = e_{qx}x + e_{qy}y + e_{qh}h \end{cases} \tag{3-4}$$

式中，m_t、q、h、x 和 y 分别为 M_t、Q、H、N 和 Y 的相对偏差；$e_{mx} = \partial m_t/\partial x$ 、 $e_{my} = \partial m_t/\partial y$ 和 $e_{mh} = \partial m_t/\partial h$ 分别表示水轮机力矩相对偏差对水轮机转速相对偏差、水轮机导叶开度相对偏差和水轮机水头相对偏差传递系数；$e_{qx} = \partial q/\partial x$ 、 $e_{qv} = \partial q/\partial y$ 和 $e_{qh} = \partial q/\partial h$ 分别为水轮机流量相对偏差对水轮机转速相对偏差、水轮机导叶开度相对偏差和水轮机水头相对偏差传递系数。

水轮机及压力管道的传递函数可以表示为

$$G_t(s) = e_{qy}\frac{G_h(s)e_{mh}}{1-e_{qh}G_h(s)} + e_{my} = e_{my}\frac{1+eG_h(s)}{1-e_{qh}G_h(s)} \tag{3-5}$$

式中，e 为中间变量，$e = \dfrac{e_{qy}e_{mh}}{e_{my}} - e_{qh}$ ；$G_h(s)$ 为压力管道传递函数。

刚性水击条件时，水轮机及压力管道动力学模型如图 3-1 所示。

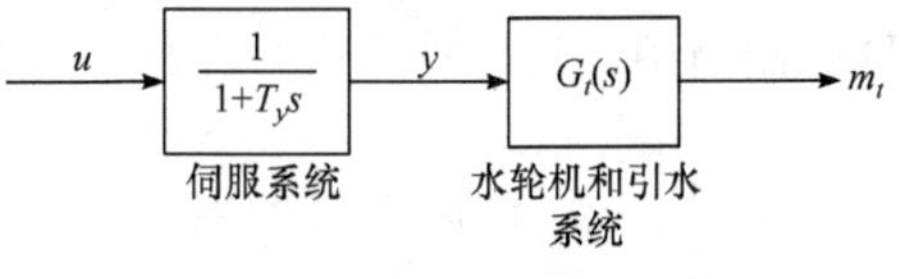

图 3-1　水轮机及压力管道动力学模型示意图

水轮机力矩相对偏差动态方程可以表示为

$$\frac{\mathrm{d}m_t}{\mathrm{d}t} = \frac{1}{e_{qh}T_{\mathrm{w}}}\left[-m_t + e_{my}y - \frac{ee_{my}T_{\mathrm{w}}}{T_y}(u-y)\right] \tag{3-6}$$

通过标准化处理，发电机二阶非线性动力学方程可以表示为

$$\begin{cases} \dot{\delta} = \omega_0\omega \\ \dot{\omega} = \dfrac{1}{T_{ab}}(m_t - m_e - D\omega) \end{cases} \tag{3-7}$$

式中，δ 为发电机功角标幺值；ω 为发电机角速度标幺值；D 为发电机阻尼系数，rad；m_e 为发电机电磁力矩；T_{ab} 为水轮机惯性时间常数，s；ω_0 为额定工况下发电机角速度，rad/s。在发电机模型动态特性分析中，可以认为发电机电磁力矩 m_e 等效于电磁功率 P_e，即[18]

$$P_e = \frac{E_q'V_s}{x_{d\Sigma}'}\sin\delta + \frac{V_s^2}{2}\frac{x_{d\Sigma}' - x_{q\Sigma}}{x_{d\Sigma}'x_{q\Sigma}}\sin 2\delta \tag{3-8}$$

式中，E_q' 为 q 轴的暂态电势标幺值；V_s 为无穷大母线电压标幺值；$x_{d\Sigma}'$ 为发电机 d 轴暂态电抗标幺值。在式(3-8)中 $x_{d\Sigma}'$ 和 $x_{q\Sigma}$ 可以表示为

$$\begin{cases} x_{d\Sigma}' = \dot{x}_d + x_T + \dfrac{1}{2}x_L \\ x_{q\Sigma} = x_q + x_T + \dfrac{1}{2}x_L \end{cases} \tag{3-9}$$

式中，x_T 为变压器短路电抗标幺值；x_L 为输电线路电抗标幺值。

液压伺服系统模型中，伺服电机用于放大控制信号，提供动力来控制导叶，其传递函数可以表示为

$$G_1(s) = \frac{1}{(1+T_ys)} \tag{3-10}$$

式中，T_y 为接力器反应时间常数，s。

考虑调速器为 PID 控制模型，其传递函数可以表示为[19,20]

$$G_2(s) = \left(k_{\mathrm{p}} + \frac{k_{\mathrm{i}}}{s} + k_{\mathrm{d}}s\right) \tag{3-11}$$

式中，k_{p}、k_{i}、k_{d} 分别为比例、积分和微分的调节系数。

由式(3-10)和式(3-11)可得

$$\frac{\mathrm{d}y}{\mathrm{d}t} = \frac{1}{T_y}\left(-k_p\omega - k_i\int\Delta\omega - k_d\dot\omega - y\right) \tag{3-12}$$

综上所述，水轮机调节系统动力学模型可以表示为

$$\begin{cases}
\dot\delta = \omega_0\omega \\[2mm]
\dot\omega = \dfrac{1}{T_{ab}}\left(m_t - D\omega - \dfrac{E_q'V_s}{x_{d\Sigma}'}\sin\delta - \dfrac{V_s^2}{2}\dfrac{x_{d\Sigma}' - x_{q\Sigma}}{x_{d\Sigma}'x_{q\Sigma}}\sin2\delta\right) \\[4mm]
\dot m_t = \dfrac{1}{e_{qh}T_w}\left[-m_t + e_{my}y - \dfrac{ee_{my}T_w}{T_y}\left(-k_p\omega - \dfrac{k_i}{\omega_0}\delta - k_d\dot\omega - y\right)\right] \\[4mm]
\dot y = \dfrac{1}{T_y}\left(-k_p\omega - \dfrac{k_i}{\omega_0}\delta - k_d\dot\omega - y\right)
\end{cases} \tag{3-13}$$

受机械间隙和惯性影响，导叶开度变化速率较慢。因此，将水轮机调节系统中导叶开度作为慢变量，对水轮机调节系统进行重新标度，建立包含两种时间尺度的水轮机调节系统动力学模型。首先，假设与水轮机调节系统状态变量 δ，ω，m_t 相关快时间尺度为 T_1，与状态变量 y 相关慢时间尺度为 T_2，且 $T_2 = \varepsilon T_1$。其次，通过对原水轮机调节系统重新标度，即令 $T_1 = t$，$T_2 = \varepsilon t$，可以获得如下"三快一慢"耦合水轮机调节系统动态模型为

$$\begin{cases}
\dot\delta = \omega_0\omega \\[2mm]
\dot\omega = \dfrac{1}{T_{ab}}\left(m_t - D\omega - \dfrac{E_q'V_s}{x_{d\Sigma}'}\sin\delta - \dfrac{V_s^2}{2}\dfrac{x_{d\Sigma}' - x_{q\Sigma}}{x_{d\Sigma}'x_{q\Sigma}}\sin2\delta\right) \\[4mm]
\dot m_t = \dfrac{1}{e_{qh}T_w}\left[-m_t + e_{my}y - \dfrac{ee_{my}T_w}{T_y}\left(-k_p\omega - \dfrac{k_i}{\omega_0}\delta - k_d\dot\omega - y\right)\right] \\[4mm]
\dot y = \varepsilon\dfrac{1}{T_y}\left(-k_p\omega - \dfrac{k_i}{\omega_0}\delta - k_d\dot\omega - y\right)
\end{cases} \tag{3-14}$$

式中，ε 为"三快一慢"水轮机调节系统标度因子 $(0 < \varepsilon < 1)$。该标度因子将原系统重新标度为快、慢两个子系统，通过调整标度因子大小可以改变水轮机调节系统所涉及的时间尺度。

3.2.2　多时间尺度快慢动力学分析

基于上述多时间尺度水轮机调节系统动力学模型，下面进行数值仿真，分析其在多时间尺度下动力学行为及演化规律。本小节采用转速相对偏差 x 代替发电机角

速度标幺值ω进行动力学分析。计算采用龙格库塔法，步长为$2\pi/500$，迭代次数为1500，系统状态变量(δ, x, m_t, y)的初值为$(0.001, 0.001, 0.001, 0.001)$。水轮机调节系统参数取值如表 3-1 所示[17]。

表 3-1　水轮机调节系统参数取值

参数	取值	参数	取值
e_{qh}	0.50	D	2
e_{my}	1.0	ω_0	314
$x'_{d\Sigma}$	1.15	T_{ab}	9
$x_{q\Sigma}$	1.474	T_w	0.8
E_q	1.35	T_y	0.1

由前文可知，系统状态变量(δ, x, m_t)与快时间尺度$(T_1=t)$相关，系统状态变量y与慢时间尺度(T_2)相关，且通过假设$T_1=t$，$T_2=\varepsilon t$，对原系统进行重新标度。考虑机械系统惯性和响应时间影响，相比水轮机调节系统中其他状态变量，导叶开度变化速率较慢。因此，假设标度因子$\varepsilon<1$。为了分析水轮机调节系统在多时间尺度下动力学行为及其演化规律，选取标度因子分别为 0.2，0.25 和 0.3。当标度因子$\varepsilon=1$时，系统所有变量均处于同一时间尺度。为了对比分析时间尺度对原水轮机调节系统的影响，同时采用标度因子$\varepsilon=1$进行仿真分析。其中 PID 控制器参数分别为$k_p=1$、$k_i=1$和$k_d=1.5$。

为了分析多时间尺度下水轮机调节系统动力学行为，令标度因子$\varepsilon=0.2$，利用时域图和相轨迹图描述水轮机调节系统转速相对偏差、力矩相对偏差和导叶开度相对偏差动态响应，如图 3-2 所示。

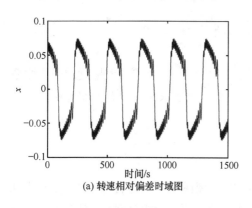

(a) 转速相对偏差时域图

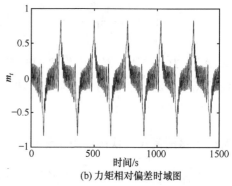

(b) 力矩相对偏差时域图

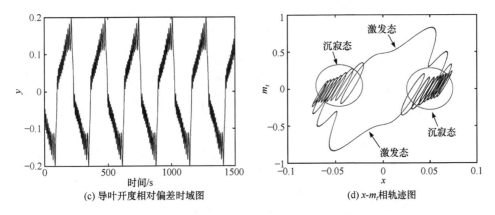

(c) 导叶开度相对偏差时域图　　　　　　　(d) x-m_t相轨迹图

图 3-2　标度因子 ε=0.2 时多时间尺度水轮机调节系统动态响应

　　图 3-2(a)~(c)分别为标度因子 ε=0.2 时，多时间尺度水轮机调节系统转速相对偏差 x、力矩相对偏差 m_t 和导叶开度相对偏差 y 动态响应，图 3-2(d)为转速相对偏差与力矩相对偏差动态响应。由图 3-2 可知，当标度因子 ε=0.2 时，水轮机调节系统明显呈现出快慢效应，即高频小幅振荡沉寂态和低频大幅振荡激发态交替出现在时域图和相轨迹图中。水轮机调节系统快子系统与慢子系统存在时间尺度差异导致激发态和沉寂态交替出现。

　　为了探究时间尺度变化对水轮机调节系统动力学行为的影响，取标度因子 ε=0.25，用时域图和相轨迹图描述水轮机调节系统转速相对偏差、力矩相对偏差和导叶开度相对偏差动态响应，如图 3-3 所示。在 ε=0.25 时间尺度下，水轮机调节系统动力学行为与 ε=0.2 时相似，仍存在明显快慢效应。与系统在 ε=0.2 条件下动态响应对比可知，水轮机调节系统转速相对偏差 x、力矩相对偏差 m_t 的频率和振幅均减小，这表明当标度因子 ε=0.25 时，水轮机调节系统虽然呈现快慢效应，但与标度因子 ε=0.2 时相比，系统快慢效应减弱。

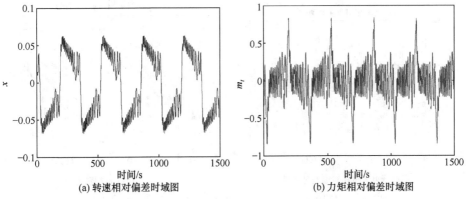

(a) 转速相对偏差时域图　　　　　　　　(b) 力矩相对偏差时域图

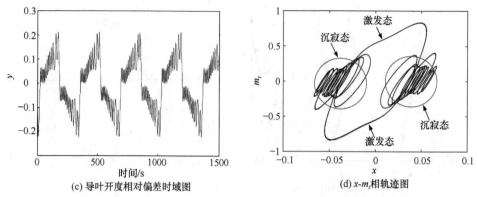

(c) 导叶开度相对偏差时域图　　　　　　(d) x-m_t相轨迹图

图 3-3　标度因子 $\varepsilon=0.25$ 时多时间尺度水轮机调节系统动态响应

分析图 3-3 发现，发电机转速相对偏差和导叶开度相对偏差高频小幅振荡都出现在波峰附近，而水轮机力矩相对偏差高频小幅振荡则主要集中在额定值附近。水轮机力矩相对偏差波动范围远大于发电机转速和导叶开度相对偏差波动范围。因此，在该时间尺度下，水轮机调节系统稳定性与水轮机力矩变化密切相关。

为了分析多时间尺度对水轮机调节系统动力学行为的影响规律，利用时域图和相轨迹图描述水轮机调节系统转速相对偏差、力矩相对偏差和导叶开度相对偏差在标度因子 $\varepsilon=0.3$ 时的动态响应，如图 3-4 所示。当标度因子 $\varepsilon=0.3$ 时，水轮机调节

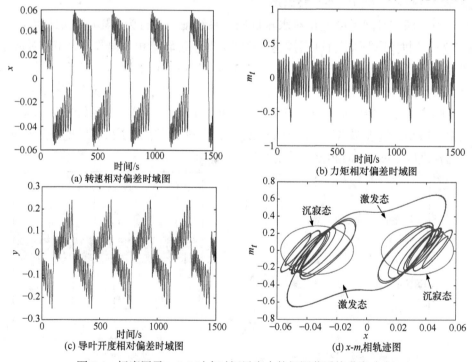

(a) 转速相对偏差时域图　　　　　　　　(b) 力矩相对偏差时域图

(c) 导叶开度相对偏差时域图　　　　　　(d) x-m_t相轨迹图

图 3-4　标度因子 $\varepsilon=0.3$ 时多时间尺度水轮机调节系统动态响应

系统仍存在明显快慢效应。与系统在 $\varepsilon=0.2$ 及 $\varepsilon=0.25$ 时动力学行为对比分析可知，水轮机调节系统转速相对偏差 x、力矩相对偏差 m_t 对应的频率和振幅均减小，表明当标度因子 $\varepsilon=0.3$，水轮机调节系统仍存在快慢动力学行为，快慢效应继续减弱。

当标度因子 $\varepsilon=1$ 时，水轮机调节系统各状态变量处于同一时间尺度。为了对比分析多时间尺度对水轮机调节系统动力学行为的影响，采用时域图和相轨迹图描述系统各状态变量动态响应，如图 3-5 所示。当标度因子 $\varepsilon=1$ 时，水轮机调节系统动力学行为与标度因子为 0.2、0.25 和 0.3 时明显不同，水轮机调节系统各状态变量均为衰减振荡，此时系统趋于稳定状态，即当水轮机调节系统各状态变量处于同一时间尺度时快慢效应消失。

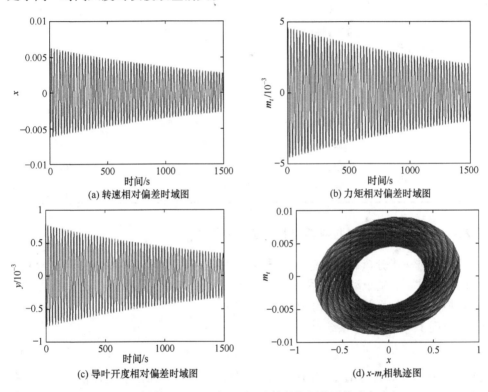

图 3-5　标度因子 $\varepsilon=1$ 时多时间尺度水轮机调节系统动态响应

综上所述，当水轮机调节系统存在多时间尺度时，系统转速相对偏差、力矩相对偏差和导叶开度相对偏差均呈现显著的快慢效应，而当系统各状态变量处于同一时间尺度时，这种快慢效应消失且系统趋于稳定状态。

表 3-2 总结了水轮机调节系统在多时间尺度下，转速相对偏差、力矩相对偏差和导叶开度相对偏差处在激发态和沉寂态的动态响应特征。由表 3-2 可知，多时间尺度水轮机调节系统激发态变量振荡周期随标度因子 ε 增加而增大。沉寂态

转速相对偏差和激发态水轮机力矩相对偏差的振幅随着标度因子 ε 增加而减小。结果表明，随着标度因子增大，水轮机调节系统快慢效应逐渐减弱，且系统趋于稳定状态。

表 3-2　水轮机调节系统在多时间尺度下动态响应特征

标度因子	状态	特征	转速相对偏差	力矩相对偏差	导叶开度相对偏差
$\varepsilon=0.2$	激发态	持续时间/s	25	30	20
		振幅	0.063	0.7	0.13
	沉寂态	持续时间/s	115	100	125
		振幅	0.25	0.5	0.1
$\varepsilon=0.25$	激发态	持续时间/s	33	38	26
		振幅	0.060	0.6	0.14
	沉寂态	持续时间/s	125	125	133
		振幅	0.23	0.4	0.11
$\varepsilon=0.3$	激发态	持续时间/s	40	50	35
		振幅	0.060	0.5	0.15
	沉寂态	持续时间/s	135	125	140
		振幅	0.2	0.4	0.12

3.2.3　多时间尺度 PID 控制器参数稳定域分析

为了进一步分析和验证标度因子对水轮机调节系统稳定性影响规律，分别在多时间尺度下，基于动力学系统稳定理论，探究水轮机调节系统 PID 控制器参数稳定域。动力学系统稳定理论如下所述。

定理 1：对于以下系统[21]：

$$\dot{X} = AX \tag{3-15}$$

式中，$A \in R^{n*n}$，$X \in R^n$，$X(0)=X_0$。当且仅当矩阵 A 中所有特征值 λ_i 都满足条件 $|\arg(\lambda_i)| > \pi/2$，上述系统渐进稳定。当且仅当矩阵 A 中所有特征值 λ_i 都满足条件 $|\arg(\lambda_i)| > \pi/2$，并且这些临界特征根的几何重数都是 1，系统是稳定的。

由上述分析可得，系数矩阵 A 特征方程可以写成如下形式：

$$f(x) = b_n \lambda^n + b_{n-1}\lambda^{n-1} + \cdots + b_s \lambda^s \cdots + b_t \lambda^t + \cdots + b_1 \lambda + b_0 \tag{3-16}$$

令 $\lambda = r\left[\cos\left(\dfrac{\pi}{2}\right) + i\sin\left(\dfrac{\pi}{2}\right)\right]$，则该系统的两个参数可以描述为

$$\begin{cases} b_s = f(b_0, b_1, \cdots, b_{s-1}, b_{s+1}, \cdots, b_{t-1}, b_{t+1}, \cdots, b_n, r) \\ b_t = g(b_0, b_1, \cdots, b_{s-1}, b_{s+1}, \cdots, b_{t-1}, b_{t+1}, \cdots, b_n, r) \end{cases} \tag{3-17}$$

式中，下标 s 和 t 取值为从 1 到 $n-1$，调节 r 可以获得系统中 b_s 和 b_t 的稳定域。系统参数取值如表 3-1 所示，假设系统状态变量初值为 $[\delta, x, m_t, y]^\mathrm{T} = [0, 0, 0, 0]^\mathrm{T}$，故式(3-14)的雅克比矩阵可以写成如下形式：

$$R = \begin{bmatrix} 0 & 314 & 0 & 0 \\ \dfrac{360\cos 2\delta}{16951} - \dfrac{3\cos\delta}{23} & -\dfrac{2}{9} & \dfrac{1}{9} & 0 \\ 14k_\mathrm{d}\left(\dfrac{360\cos 2\delta}{16951} - \dfrac{3\cos\delta}{23}\right) + \dfrac{7}{157} & 14k_\mathrm{p} - \dfrac{28k_\mathrm{d}}{9} & \dfrac{14k_\mathrm{d}}{9} - \dfrac{5}{2} & \dfrac{33}{2} \\ -p\left[10k_\mathrm{d}\left(\dfrac{360\cos 2\delta}{16951} - \dfrac{3\cos\delta}{23}\right) + \dfrac{5}{157}\right] & p\left(\dfrac{20k_\mathrm{d}}{9} - 10k_\mathrm{p}\right) & -\dfrac{10pk_\mathrm{d}}{9} & -10p \end{bmatrix}$$

由定理 1 可知，当满足条件 $|\arg(\lambda)| > \pi/2$ 时，水轮机调节系统是稳定的。当 $k_\mathrm{i} = 1$ 时，PID 控制器参数$(k_\mathrm{d}\text{-}k_\mathrm{p})$稳定域如图 3-6 所示。

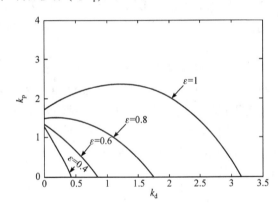

图 3-6　PID 控制器参数$(k_\mathrm{d}\text{-}k_\mathrm{p})$稳定域

图 3-6 中曲线分别是对应时间尺度下 PID 控制器参数$(k_\mathrm{d}\text{-}k_\mathrm{p})$的稳定域边界。在多时间尺度下，当快慢水轮机调节系统的 PID 控制器参数$(k_\mathrm{d}\text{-}k_\mathrm{p})$处于曲线下方时，系统是稳定的，当 PID 控制器参数$(k_\mathrm{d}\text{-}k_\mathrm{p})$超出对应临界曲线，系统趋于失稳状态。由图 3-6 可知，多时间尺度水轮机调节系统 PID 控制器参数$(k_\mathrm{d}\text{-}k_\mathrm{p})$稳定域随标度因子 ε 增加而增大，说明标度因子 ε 的增加可以改善多时间尺度水轮机调节系统稳定性。

下面利用多时间尺度水轮机调节系统转速相对偏差分岔图验证上述理论分析和仿真结果的正确性。图 3-7 为 k_d 为分岔参数时转速相对偏差在 $\varepsilon = 0.8$，$k_\mathrm{p} = 1$ 时的分岔图。由图 3-7 可知，当 k_d 在 0～1.1 变化时，多时间尺度水轮机调节系统转速相对偏差是稳定的。随着 k_d 增加，系统转速相对偏差逐渐失去稳定，特别是当 k_d 从 2.4 增加到 4.1 时，系统转速相对偏差迅速增加。最终，随着 k_d 增大，系统转速通过分岔进入混沌状态。仿真结果表明，多时间尺度水轮机调节系统在 $\varepsilon=0.8$，$k_p=1$ 时，随着 k_d 增加，系统由稳定状态逐渐失去稳定并通过分岔进入混沌状态。

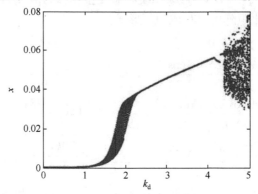

图 3-7　k_d 为分岔参数的转速相对偏差 x 分岔图

　　为了深入分析 PID 控制器参数对多时间尺度水轮机调节系统稳定性影响规律，利用时域图和相轨迹图分析水轮机调节系统转速相对偏差和力矩相对偏差随 k_d 变化的动态响应。

　　图 3-8 为水轮机调节系统转速相对偏差和力矩相对偏差在 $k_d=0.5$ 时的动态响应。图 3-8(a)为转速相对偏差动态响应，由图 3-8(a)可知，系统转速相对偏差振幅逐渐减小，说明转速趋于稳定。图 3-8(b)为转速相对偏差和力矩相对偏差相轨迹图，由图 3-8(b)可知，系统转速相对偏差与力矩相对偏差在相轨迹图中逐渐收敛，系统力矩相对偏差也趋于稳定。综上所述，在 $k_d=0.5$，$\varepsilon=0.8$ 条件下，多时间尺度水轮机调节系统趋于稳定状态。

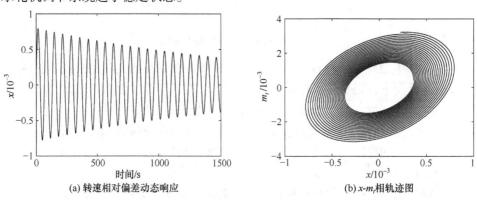

(a) 转速相对偏差动态响应　　　　　　　　(b) x-m_t 相轨迹图

图 3-8　$k_d=0.5$ 时水轮机调节系统动态响应

　　图 3-9 为水轮机调节系统转速相对偏差和力矩相对偏差在 $k_d=1.1$ 时的动态响

应。图 3-9(a)为转速相对偏差动态响应，由图 3-9(a)可知，系统转速相对偏差振幅保持不变，说明转速处于临界稳定状态。图 3-9(b)为转速相对偏差和力矩相对偏差相轨迹图，分析图 3-9(b)可知，系统转速相对偏差与力矩相对偏差在相轨迹图中呈现封闭圆环，表明系统力矩相对偏差也处于临界稳定状态。综上所述，在 k_d=1.1，ε=0.8 条件下，多时间尺度水轮机调节系统处于临界稳定状态。

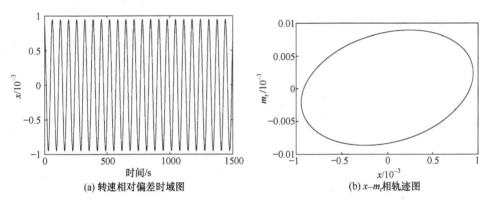

(a) 转速相对偏差时域图　　　　　　(b) x–m相轨迹图

图 3-9　k_d=1.1 时水轮机调节系统动态响应

图 3-10 为水轮机调节系统转速相对偏差和力矩相对偏差在 k_d=1.5 时的动态响应。图 3-10(a)为转速相对偏差在该条件下的时域图，由图 3-10(a)可知，系统转速相对偏差振幅逐渐增大，说明转速逐渐失去稳定。图 3-10(b)为转速相对偏差与力矩相对偏差在 k_d=1.5 条件下相轨迹图，分析图 3-10(b)可知，系统转速相对偏差与力矩相对偏差在相轨迹图中逐渐发散，表明系统力矩相对偏差也处于失稳状态。综上所述，在 k_d=1.5，ε=0.8 条件下，多时间尺度水轮机调节系统处于失稳状态。

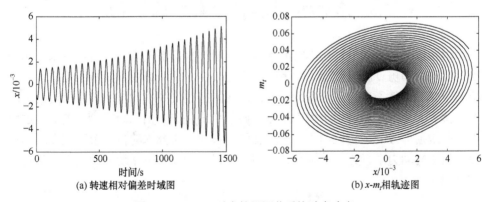

(a) 转速相对偏差时域图　　　　　　(b) x-m相轨迹图

图 3-10　k_d=1.5 时水轮机调节系统动态响应

图 3-11 为水轮机调节系统转速相对偏差和力矩相对偏差在 k_d=4.5 时的动态响应。分析图 3-11 可知，系统转速相对偏差振荡不可预测，且转速相对偏差与力

矩相对偏差在相轨迹图中出现两个混沌吸引子，仿真结果表明，在 k_d=4.5，ε=0.8 条件下，多时间尺度水轮机调节系统处于混沌状态。

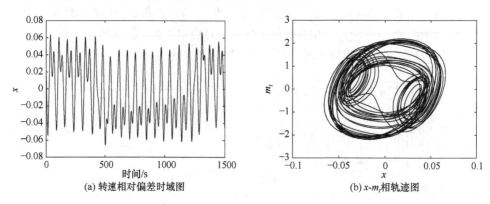

(a) 转速相对偏差时域图　　　　　　　　　(b) x-m_t相轨迹图

图 3-11　　k_d=4.5 时水轮机调节系统动态响应

对比分析图 3-8～图 3-11 可知，标度因子 ε=0.8 时，多时间尺度水轮机调节系统 PID 控制器参数的稳定域，即当 $0 < k_d < 1.1$ 时，系统处于稳定状态，当 $1.1 < k_d < 4.5$ 时，系统趋于失稳状态，随着 k_d 继续增大，系统经过分岔进入混沌状态。仿真结果也证明了上述理论分析和图 3-6 仿真结果的正确性。

综上所述，PID 控制器参数稳定域随着标度因子增加而增大，标度因子的增加可以提高多时间尺度水轮机调节系统的稳定性。水轮机调节系统中快慢动力学效应不利于其安全稳定运行，本章研究结果可为避免和减弱多时间尺度水轮机调节系统快慢动力学效应与保证水电站稳定运行提供有益参考。

3.3　多频率尺度耦合水轮机调节系统

水轮机调节系统中存在丰富的动力学现象，自其混沌现象被揭示以来，相关动力学理论和仿真研究受到了学者们的广泛关注[22-24]。目前，针对水轮机调节系统的很多工作基于自治系统进行研究，但在瞬态过程中水轮机调节系统运行工况点是持续变化的，即瞬态过程中水轮机调节系统是非自治系统[25,26]。本节通过引入周期激励形式的水轮机调节系统动态传递系数，研究水轮机调节系统在瞬态过程中的快慢动力学行为，并探究在不同激励强度和频率下系统的快慢动力学行为演化规律。

3.3.1　周期激励下水轮机调节系统动力学模型

水轮机调节系统传递系数随系统运行工况点移动而改变,在系统运行过程中,中间变量 $e[e=(e_{qy}e_{mh}/e_{my})-e_{qh}]$持续变化,当系统在正常范围内运行时, e 呈周期变

化形式[27]。因此，为了描述水轮机调节系统动态特性，假设中间变量 e 的周期激
励形式如下：

$$e = A\sin(wt) \tag{3-18}$$

式中，A 为周期激励振幅；w 为周期激励角速度。由文献[28]可知，在正常运行工
况范围内水轮机调节系统传递系数 e_{qy}、e_{mh}、e_{my}、e_{qh} 和中间变量 e 的变化范围如
表 3-3 所示。

表 3-3　水轮机调节系统传递系数变化范围

传递系数	变化范围
e_{qy}	0.5～2.5
e_{mh}	0～2
e_{my}	1～4
e_{qh}	0～2
e	–2～5

将式(3-18)代入式(3-14)所示的水轮机调节系统动力学模型可得：

$$\begin{cases} \dot{\delta} = \omega_0\omega \\ \dot{\omega} = \dfrac{1}{T_{ab}}\left(m_t - D\omega - \dfrac{E_q'V_s}{x_{d\Sigma}'}\sin\delta - \dfrac{V_s^2}{2}\dfrac{x_{d\Sigma}' - x_{q\Sigma}}{x_{d\Sigma}'x_{q\Sigma}}\sin 2\delta \right) \\ \dot{m}_t = \dfrac{1}{e_{qh}T_w}\left[-m_t + e_{my}y - \dfrac{A\sin(wt)e_{my}T_w}{T_y}\left(-k_p\omega - \dfrac{k_i}{\omega_0}\delta - k_d\dot{\omega} - y \right) \right] \\ \dot{y} = \varepsilon\dfrac{1}{T_y}\left(-k_p\omega - \dfrac{k_i}{\omega_0}\delta - k_d\dot{\omega} - y \right) \end{cases} \tag{3-19}$$

图 3-12 为快慢效应示意图。当水轮机调
节系统固有频率和中间变量激励频率存在量
级差异时，系统运动模式，如周期运动、拟周
期运动甚至混沌运动等均表现出显著的快慢
效应。这种快慢效应具体表现为激发态与沉
寂态交替出现，其中激发态对应低频大幅振
动，沉寂态为高频小幅振荡。

3.3.2　多频率尺度快慢动力学演化

考虑中间变量的周期性变化，研究多频

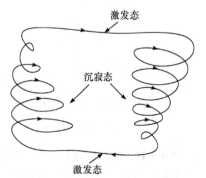

图 3-12　快慢效应示意图

率尺度水轮机调节系统动力学行为演变规律，本小节采用转速相对偏差 x 代替发电机角速度 ω 进行动力学分析。周期激励下水轮机调节系统参数取值如表 3-4 所示[17]。

表 3-4　周期激励下水轮机调节系统参数取值

参数	取值	参数	取值
e_{qh}	0.56	D	2
e_{my}	1.03	ω_0	314
$x'_{d\Sigma}$	1.15	T_{ab}	9
$x_{q\Sigma}$	1.474	T_w	0.8
E_q	1.35	T_y	0.1

为了分析多频率水轮机调节系统动力学行为随 PID 控制器参数演变规律，选取 k_d 为分岔参数，利用分岔图分析转速相对偏差和力矩相对偏差在周期激励作用下动态响应。

图 3-13 为 $A=3$, $w=1\times10^{-4}$ 条件下，水轮机调节系统转速相对偏差和力矩相对偏差随 k_d 变化的动态响应。对比图 3-13(a)和(b)可知，转速相对偏差和力矩相对偏差在 k_d 增加过程中整体变化趋势一致。当 k_d 从 0 增加到 0.5 过程中，转速相对偏差和力矩相对偏差都表现为振幅迅速减小，当 k_d 从 0.5 增加至 1.5 过程中，两者振幅迅速恢复至初始水平。然后，随着 k_d 继续增加分别缓慢增加至 0.052 和 0.63。

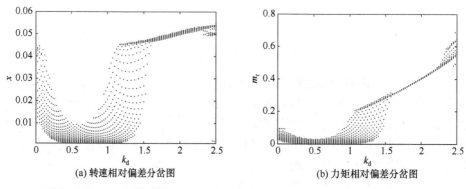

(a) 转速相对偏差分岔图　　　　　　　　(b) 力矩相对偏差分岔图

图 3-13　周期激励($A=3$, $w=1\times10^{-4}$)下水轮机调节系统动态响应

图 3-14 为 $A=5$, $w=1\times10^{-4}$ 条件下，水轮机调节系统转速相对偏差和力矩相对偏差随 k_d 变化的动态响应。分析图 3-14 可知，转速相对偏差和力矩相对偏差在 k_d 增加过程中整体变化趋势相似。当 k_d 从 0 增加到 1.5 过程中，转速相对偏差和力矩相对偏差都表现为振幅缓慢增加。然后，随着 k_d 继续增加，转速相对偏差和力

矩相对偏差均逐渐失稳。

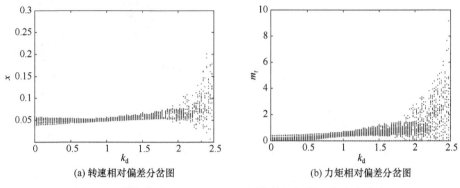

(a) 转速相对偏差分岔图　　　　　　(b) 力矩相对偏差分岔图

图 3-14　周期激励(A=5, w=1×10^{-4})下水轮机调节系统动态响应

对比图 3-13 和图 3-14 可知，随着周期激励幅值增加，水轮机调节系统转速相对偏差和力矩相对偏差在分岔参数作用下表现出更加丰富的动力学行为，且振荡幅值显著增加。说明周期激励幅值的增加不利于水轮机调节系统稳定性。

为了进一步分析水轮机调节系统在周期激励作用下动力学行为演化规律，当 A=5, w=1×10^{-4} 时，利用时域图和相轨迹图分析水轮机调节系统转速相对偏差和导叶开度相对偏差动态响应。

图 3-15 为水轮机调节系统在不同 k_d 下转速相对偏差和导叶开度相对偏差的动态响应。图 3-15(a)和(b)分别表示转速相对偏差和导叶开度相对偏差在 k_d=0.6 条件下的动态响应，分析可知，当 k_d=0.6 时，转速相对偏差呈现显著快慢效应，振荡周期约为 220s。在相轨迹图中出现典型的周期簇发现象，也表明水轮机调节系统出现快慢动力学行为。在该条件下转速相对偏差和导叶开度相对偏差快慢效应变化范围如表 3-5 所示。图 3-15(c)和(d)分别表示转速相对偏差和导叶开度相对偏差在 k_d=1.5 条件下动态响应。分析可知，当 k_d=1.5 时，水轮机调节系统仍存在显著快慢动力学行为。此外，系统转速相对偏差振荡周期增加到 450s，达到 k_d=0.6 时的 2 倍左右。系统状态变量振幅大幅增加，特别是导叶开度相对偏差。在该条件下，转速相对偏差和导叶开度相对偏差快慢效应变化范围如表 3-6 所示。图 3-15(e)和(f)分别表示转速和导叶开度相对偏差在 k_d=2.5 条件下的动态响应，分析可知，随着 k_d 增大，水轮机调节系统最终进入混沌状态。时域图中，转速相对偏差呈现近似无规则运动；相轨迹图中，导叶开度相对偏差和转速相对偏差出现混沌吸引子，说明此时系统处于混沌状态。

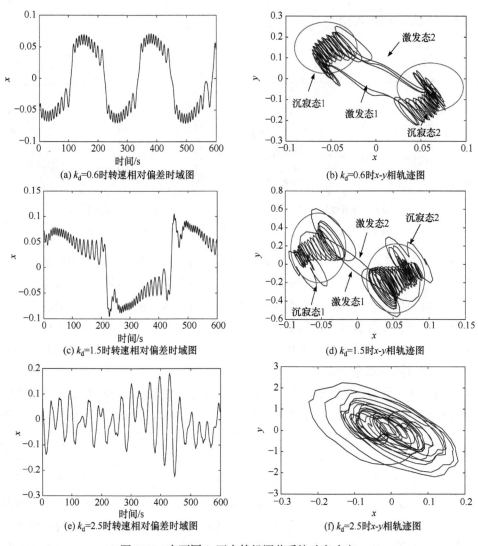

图 3-15　在不同 k_d 下水轮机调节系统动态响应

表 3-5　k_d=0.6 时水轮机调节系统快慢效应范围

状态	位置	转速相对偏差	导叶开度相对偏差
沉寂态	1	−0.07～−0.02	−0.05～0.23
	2	0.02～0.078	−0.2～0.08
激发态	1	−0.05～0.02	−0.1～0.08
	2	−0.02～0.05	−0.05～0.1

表 3-6　k_d=1.5 时水轮机调节系统快慢效应范围

状态	位置	转速相对偏差	导叶开度相对偏差
沉寂态	1	−0.08~−0.01	−0.22~0.6
	2	0.02~0.11	−0.6~0.3
激发态	1	−0.05~0.05	−0.4~0.2
	2	−0.06~0.03	−0.3~0.4

综上所述，多频率尺度水轮机调节系统中出现的快慢动力学行为随着 k_d 增加而变得剧烈，具体表现为高频小幅振荡和低频大幅振荡的周期和幅值都逐渐增强，系统最终进入混沌运动状态。

为了分析周期激励频率对水轮机调节系统瞬态特性影响，将周期激励角速度作为分岔参数，利用分岔图分别分析周期激励角速度对转速和力矩相对偏差动态响应影响规律。

图 3-16 为周期激励角速度为分岔参数的水轮机调节系统动态响应。图 3-16(a) 为转速相对偏差分岔图，观察图 3-16(a)可知，当周期激励角速度在 0~6×10^{-5} 时，转速相对偏差处于稳定状态。然后，随着周期激励角速度从 5×10^{-5} 增加到 6×10^{-5} 过程中，转速相对偏差从 0 迅速增加到 0.05。随着周期激励角速度继续增加，转速相对偏差通过倍周期运动状态进入混沌运动状态。图 3-16(b)表示力矩相对偏差分岔图，分析图 3-16 可知，随着周期激励角速度增加，力矩相对偏差与转速相对偏差动态响应有相似变化趋势，且力矩相对偏差变化更加剧烈，具有更加丰富的动力学行为。

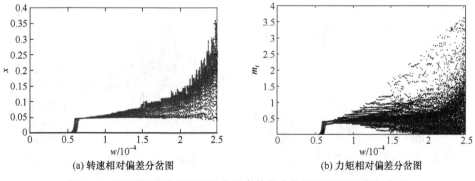

(a) 转速相对偏差分岔图　　　　　　　(b) 力矩相对偏差分岔图

图 3-16　以周期激励角速度为分岔参数的水轮机调节系统动态响应

综上所述，周期激励角速度对多频率尺度水轮机调节系统动力学行为有显著影响，随着周期激励角速度增加，水轮机调节系统逐渐失去稳定，为了保证多频率尺度水轮机调节系统安全可靠运行，周期激励的角速度不应超过 $6×10^{-5}$。

为深入研究水轮机调节系统在不同频率周期激励下的快慢动力学行为，利用时域图和相轨迹图分析水轮机调节系统在不同周期激励角速度下动态响应。图 3-17 为水轮机调节系统转速相对偏差和导叶开度相对偏差在不同周期激励角速度($w=1×10^{-4}$、$w=1.5×10^{-4}$ 和 $w=2.5×10^{-4}$)时的动态响应。图 3-17(a)和(b)分别表示 $w=1×10^{-4}$ 时水轮机调节系统转速相对偏差和导叶开度相对偏差动态响应。分析可知，当 $w=1×10^{-4}$ 时，转速相对偏差呈现高频小幅振荡和低频大幅突变交替出现的快慢动力学现象，振荡周期约为 300s。仿真结果说明此时水轮机调节系统处于周期簇发运行状态。$w=1×10^{-4}$ 时水轮机调节系统相轨迹图中激发态和沉寂态快慢效应范围如表 3-7 所示。图 3-17(c)和(d)分别表示周期激励角速度 $w=1.5×10^{-4}$ 时水轮机调节系统转速相对偏差和导叶开度相对偏差动态响应。当 $w=1.5×10^{-4}$ 时，转速相对偏差幅值与 $w=1×10^{-4}$ 时基本保持不变，但振荡周期增加到 400s，且每个周期内高频小幅振荡的持续时间也增加到 180s 左右。水轮机调节系统相轨迹图中转速相对偏差与导叶开度相对偏差仍为周期簇发运动轨迹，其激发态和沉寂态快慢效应范围如表 3-8 所示。图 3-17(e)和(f)分别表示 $w=2.5×10^{-4}$ 时水轮机调节系统转速相对偏差和导叶开度相对偏差动态响应。分析可知，当 $w=2.5×10^{-4}$ 时，转速相对偏差表现为概周期运动且振幅逐渐增大，说明此时水轮机调节系统逐渐失稳。在时域图中，转速相对偏差高频小幅振荡幅值明显增强，每个周期内激发态持续时间大幅增加。在相轨迹图中，激发态和沉寂态为交替出现发散轨迹，即此时系统快慢效应增强且逐步失稳，其系统快慢效应范围如表 3-9 所示。

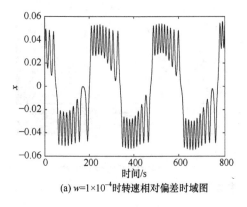

(a) $w=1×10^{-4}$ 时转速相对偏差时域图

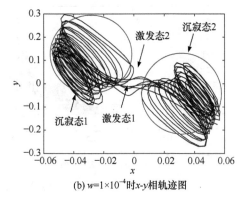

(b) $w=1×10^{-4}$ 时 x-y 相轨迹图

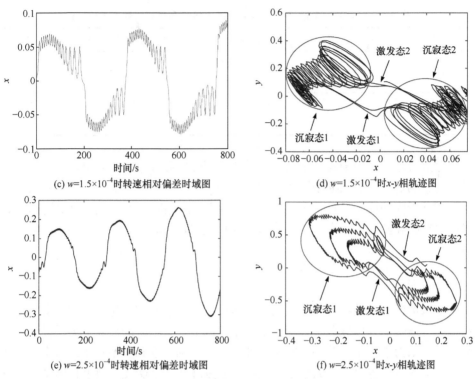

(c) $w=1.5×10^{-4}$时转速相对偏差时域图

(d) $w=1.5×10^{-4}$时x-y相轨迹图

(e) $w=2.5×10^{-4}$时转速相对偏差时域图

(f) $w=2.5×10^{-4}$时x-y相轨迹图

图 3-17 不同周期激励角速度时水轮机调节系统的动态响应

表 3-7 周期激励角速度 $w=1×10^{-4}$ 时水轮机调节系统快慢效应范围

状态	位置	转速相对偏差	导叶开度相对偏差
沉寂态	1	−0.058～−0.01	−0.08～0.3
	2	0.01～0.058	−0.28～0.1
激发态	1	−0.02～0.02	−0.05～0.05
	2	−0.03～0.02	0～0.1

表 3-8 周期激励角速度 $w=1.5×10^{-4}$ 时水轮机调节系统快慢效应范围

状态	位置	转速相对偏差	导叶开度相对偏差
沉寂态	1	−0.08～−0.01	−0.1～0.4
	2	0.01～0.07	−0.38～0.1
激发态	1	−0.04～0.01	−0.1～0.1
	2	−0.02～0.04	−0.08～0.13

表 3-9　周期激励角速度 $w=2.5\times10^{-4}$ 时水轮机调节系统快慢效应范围

状态	位置	转速相对偏差	导叶开度相对偏差
沉寂态	1	$-0.3\sim-0.1$	$-0.1\sim0.8$
	2	$0.02\sim0.28$	$-0.7\sim0$
激发态	1	$-0.1\sim0$	$-0.5\sim0$
	2	$-0.05\sim0.1$	$0\sim0.4$

综上所述，表明中间变量周期激励角速度幅值和频率对水轮机调节系统动力学行为影响显著。当周期激励角速度为 $w=1\times10^{-4}$ 和 $w=1.5\times10^{-4}$ 时，水轮机调节系统均处于周期簇发运行状态，且 $w=1.5\times10^{-4}$ 时水轮机调节系统快慢效应更显著。当周期激励角速度增加到 $w=2.5\times10^{-4}$ 时，系统快慢效应进一步增强且系统逐渐失稳。

3.4　本 章 小 结

本章考虑了水轮机调节系统在实际运行中不同子系统变化速率和响应时间存在差异，通过引入标度因子，建立了水轮机调节系统多时间尺度动力学模型及多频率尺度动力学模型，分别研究了标度因子、激励强度和频率对系统瞬态特性的影响。首次在水轮机调节系统中发现周期簇发和非周期簇发等典型快慢动力学现象，揭示了系统快慢效应发生机制和失稳机理。本章主要结论如下：

(1) 在多时间尺度作用下，当标度因子 $\varepsilon<1$ 时，水轮机调节系统存在一定程度的快慢效应，且随着标度因子增加，系统快慢效应减弱。当标度因子 $\varepsilon=1$ 时，即水轮机调节系统各状态变量处于同一时间尺度，系统快慢效应消失。随着标度因子增大，系统 PID 控制器参数稳定域也增大，说明增加标度因子可以减弱系统快慢效应，改善系统稳定性。

(2) 在不同的周期激励作用下，水轮机调节系统表现出明显的快慢效应。数值结果表明，减小周期激励的强度和频率可以减弱水轮机调节系统快慢效应并改善系统稳定性。此外，在周期激励作用下，系统由簇发振荡到逐渐失稳的动力学表现为高频小幅沉寂态和低频大幅激发态，其周期和振幅均逐渐增加。

参 考 文 献

[1] 乔丕忠, 张勇, 张恒, 等. 近场动力学研究进展[J]. 力学季刊, 2017, 38(1): 1-13.

[2] QU R, WANG Y, WU G Q. Bursting oscillations and the mechanism with sliding bifurcations in a filippov dynamical system[J]. International Journal of Bifurcation and Chaos, 2018, 28(12): 1850146.

[3] YU Y, ZHANG Z D, BI Q S. Multistability and fast-slow analysis for van der Pol-Duffing oscillator with varying exponential delay feedback factor[J]. Applied Mathematical Modelling, 2018, 57: 448-458.

[4] 毕勤胜, 陈章耀, 朱玉萍. 参数激励耦合系统的复杂动力学行为分析[J]. 力学学报, 2003, 35(3): 367-372.

[5] 张晓芳, 陈章耀, 季颖. 周期激励下分段线性电路的动力学行为[J]. 力学学报, 2009, 41(5): 765-774.

[6] ZHANG H, CHEN D Y, XU B B, et al. Nonlinear modeling and dynamic analysis of hydro-turbine governing system in the process of load rejection transient[J]. Energy Conversion and Management, 2015, 90: 128-137.

[7] 李向红. 不同时间尺度耦合化学振荡反应的非线性分析[D]. 镇江: 江苏大学, 2013.

[8] 李建平, 丑纪范. 非线性大气动力学的进展[J]. 大气科学, 2003, 27(4): 653-673.

[9] YU Y, GAO Y, HAN X. Modified function projective bursting synchronization for fast–slow systems with uncertainties and external disturbances[J]. Nonlinear Dynamics, 2015, 79(4): 2359-2369.

[10] ZHANG X L, FARINA M, SPINELLLI S. Multi-rate model predictive control algorithm for systems with fast-slow dynamics[J]. IET Control Theory Applications, 2018, 12(18): 2468-2477.

[11] 刘树红, 邵杰, 吴墒锋. 轴流转桨式水轮机压力脉动数值预测[J]. 中国科学 E 辑: 技术科学, 2009, 39(4): 626-634.

[12] 冯雁敏, 张恩博, 刘春林. 基于时域–频谱分析的混流式水轮机组转子动平衡试验[J]. 水电能源科学, 2016, 34(8): 173-176.

[13] 杨建东, 李进平, 王丹. 水电站引水发电系统过渡过程整体物理模型试验探讨[J]. 水力发电学报, 2004, 23(1): 57-63.

[14] 包宇庆, 王蓓蓓, 李杨. 考虑大规模风电接入并计及多时间尺度需求响应资源协调优化的滚动调度模型[J]. 中国电机工程学报, 2016, 36(17): 4589-4599.

[15] 丁聪, 把多铎, 陈帝伊. 混流式水轮机调节系统的建模与非线性动力分析[J]. 武汉大学学报(工学版), 2012, 45(2): 187-192.

[16] 张醒, 张德虎, 刘莹莹. 基于分数阶模糊 PID 控制的水轮机调节系统[J]. 排灌机械工程学报, 2016, 34(6): 504-510.

[17] 凌代俭, 沈祖诒. 水轮机调节系统的非线性模型、PID 控制及其 Hopf 分叉[J]. 中国电机工程学报, 2005, 25(10): 97-102.

[18] XU B B, CHEN D Y, ZHANG H. Dynamic analysis and modeling of a novel fractional-order hydro-turbine-generator unit[J]. Nonlinear Dynamics, 2015, 81(3): 1263-1274.

[19] 方红庆, 沈祖诒, 吴恺. 水轮机调节系统非线性扰动解耦控制[J]. 中国电机工程学报, 2004, 24(3): 151-155.

[20] LING D J, TAO Y. An analysis of the hopf bifurcation in a hydroturbine governing system with saturation[J]. IEEE Transactions on Energy Conversion, 2006, 21(2): 512-515.

[21] XU B B, JUN H B, CHEN D Y. Stability analysis of a hydro-turbine governing system considering inner energy losses[J]. Renewable Energy, 2019, 134: 258-266.

[22] 凌代俭, 陶阳, 沈祖诒. 考虑弹性水击效应时水轮机调节系统的 Hopf 分岔分析[J]. 振动工程学报, 2007, 20(4): 374-379.

[23] 唐兆祥, 张德虎, 刘志淼. 非线性水轮机调节系统稳定性分析[J]. 中国农村水利水电, 2016 (11): 175-177.

[24] ZENG Y, GUO Y, ZHANG L. Nonlinear hydro turbine model having a surge tank[J]. Mathematical and Computer Modelling of Dynamical Systems, 2013, 19(1): 12-28.

[25] TISCHER C B, TIBOLA J R, SCHERER L G, et al. Proportional-resonant control applied on voltage regulation of standalone SEIG for micro-hydro power generation[J]. IET Renewable Power Generation, 2017, 11(5): 593-602.

[26] AZBE V, MIHALIC R. Transient stability of a large doubly-fed induction machine in a pumped-storage plant[J]. Electric Power Systems Research, 2017, 142: 29-35.

[27] 吴罗长. 非线性水轮机模糊 PID 调节系统模糊规则研究[D]. 西安: 西安理工大学, 2006.

[28] 刘宪林, 高慧敏. 水轮机传递系数计算方法的比较研究[J]. 郑州大学学报(工学版), 2003, 24(4): 1-5.

第4章 哈密顿理论体系下水力发电系统稳定性分析

4.1 引　言

水力发电系统是由压力管道、水轮机、发电机、调速器、尾水管和电力负荷等子系统构成的混杂非线性系统，是一个典型的能量耗散，能量产生及能量交换系统[1-4]。从能量角度考虑各子系统之间的耦联关系，并将其引入广义哈密顿理论体系，探究水力发电系统能量特性及非线性动力学特性与稳定性问题有着重要意义。

在水力发电系统方面，曾云等探讨非线性水轮发电机组哈密顿系统，分别建立刚性水击、弹性水击下水轮机广义哈密顿模型及多电机条件下的五阶发电机哈密顿模型[5-8]。Xu 等[9]将一管多机水力发电机组纳入广义哈密顿体系，分析在冲击荷载作用下系统的动态特性。Li 等[10]将哈密顿理论应用于水力发电系统大波动暂态过渡过程及其非线性稳定性分析中，并取得一定的研究成果。但水力发电系统稳定性与各子系统的动态特性直接相关，又不完全依赖于各子系统的独立行为，从能量层面可以概括为系统内部产生的能量与耗散，以及系统与外部环境能量交换之间的不平衡。

本章利用广义哈密顿理论描述系统能量特性的优越性，从系统内部结构特征与外部关联机制出发，基于正交分解和反馈耗散方法，将水力发电系统纳入到广义哈密顿理论框架下，建立包含水轮机及其引水系统和发电机的单机单管、一管多机水力发电系统暂态哈密顿模型，探究水力发电机组在突增、突减负荷瞬态工况下机组流量、转速和功角等典型运行参数的变化规律。在广义哈密顿理论框架下将变顶高尾水洞水电站系统转化为哈密顿系统形式，分别在无负荷扰动、阶跃负荷扰动和随机负荷扰动下，探究变顶高尾水洞水电站系统瞬态能量变化规律。

4.2 单机单管水力发电系统暂态哈密顿模型与特性分析

4.2.1 突减负荷过渡过程数学模型

1. 水轮机非线性模型

水力发电系统结构简图如图 4-1 所示。

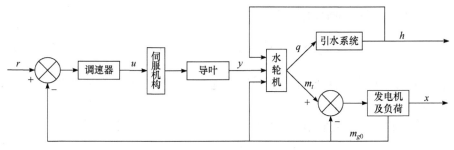

图 4-1　水力发电系统结构简图

由文献[11]可知，基于传递系数的水轮机动力学模型为

$$\begin{cases} m_t = e_{my}y + e_{mx}x + e_{mh}h \\ q = e_{qy}y + e_{qx}x + e_{qh}h \end{cases} \tag{4-1}$$

式中，e_{my}、e_{mx}、e_{mh} 为水轮机力矩传递系数；e_{qh}、e_{qx}、e_{qy} 为水轮机流量传递系数；x 为机组转速相对偏差；y 为导叶开度相对偏差；h 为水头相对偏差；q 为流量相对偏差；m_t 为水轮机力矩相对偏差。

在实际工程中，传递系数随水轮机运行条件变化，其计算方法主要包括外特性法、内特性法和简易解析法，水轮机动态传递系数的计算公式为[12,13]

$$\begin{cases} e_{my} = be_{qy} \\[2mm] e_{mx} = be_{qx} - \dfrac{m_{t_0}}{\omega_0} \\[2mm] e_{mh} = be_{qh} + \dfrac{m_{t_0}}{h_0} \\[2mm] e_{qy} = \dfrac{a}{1+a-c} \cdot \dfrac{q_0^2 \csc^2 \alpha_0}{\omega_0} \cdot \dfrac{Y_R Q_R}{2\pi b_t r^2 k_0 \Omega_R} \\[2mm] e_{qx} = \dfrac{a-1}{1+a-c} \cdot \dfrac{q_0}{\omega_0} \\[2mm] e_{qh} = \dfrac{1}{1+a-c} \cdot \dfrac{q_0}{h_0} \end{cases} \tag{4-2}$$

式中，$a = \dfrac{\omega^2}{\eta h} \dfrac{r^2 \Omega_R^2}{9.81 H_R}$；$b = (1+c)\dfrac{m_t}{q}$；$c = \dfrac{2q_0(q-q_*)Q_R^2}{2d\eta_0 - (q_0-q_*)^2 Q_R^2}$；$r=0.353D_1$；

$k_0 = \left(\dfrac{\mathrm{d}y}{\mathrm{d}\alpha}\right)_0$；$q_0$ 为稳定工况下水轮机流量与额定流量的比值；h_0 为稳定工况下水轮机水头与额定水头的比值；m_{t_0} 为稳定工况下水轮机力矩与额定力矩的比值；ω_0 为稳定工况下发电机角速度与额定角速度的比值；D_1 为水轮机直径，m；下标*表

示最优工况。根据文献[14]，Y 的关系式为

$$Y=D_0\sin\left(\frac{\beta}{2}\right)\sin\left(\alpha+\frac{\beta}{2}\right)-L\sin\left(\frac{\beta}{2}\right) \tag{4-3}$$

式中，D_0 为导叶分布直径，m；L 为导叶宽度，m；β 为导叶间的径向夹角，rad；Z_0 为导叶数。

根据水轮机流量与效率的关系可以求取 c，其关系式如下所示：

$$\eta=\eta_*-\frac{(q-q_*)^2\,Q_R^2}{2d} \tag{4-4}$$

根据文献[15]，考虑水轮机传递系数随工况改变而变化的特性，引入三角函数，得到突减负荷过渡过程中水轮机动态传递系数随时间 t 的表达式如下所示：

$$e_{my}=\frac{1}{5}\cos 4\pi t-\frac{12}{5}\mathrm{e}^{-t}+\frac{37}{10} \tag{4-5}$$

$$e_{mx}=\frac{1}{10}\cos 4\pi t-\frac{11}{10}\mathrm{e}^{-t}+\frac{3}{10} \tag{4-6}$$

$$e_{mh}=\frac{4}{25}\cos 4\pi t+\frac{7}{5}\mathrm{e}^{-t}+\frac{3}{20} \tag{4-7}$$

$$e_{qy}=\frac{2}{25}\sin 4\pi t-\frac{4}{5}\mathrm{e}^{-t}+\frac{11}{5} \tag{4-8}$$

$$e_{qx}=\frac{1}{50}\sin 4\pi t-\frac{21}{100}\mathrm{e}^{-t}+\frac{7}{100} \tag{4-9}$$

$$e_{qh}=\frac{1}{25}\sin 4\pi t+\frac{23}{60}\mathrm{e}^{-t}+\frac{1}{5} \tag{4-10}$$

式中，e 是自然常数。

将式(4-5)～式(4-10)代入式(4-1)，水轮机动力学模型可进一步表示为

$$\begin{cases} m_t=\left(\dfrac{1}{5}\cos 4\pi t-\dfrac{12}{5}\mathrm{e}^{-t}+\dfrac{37}{10}\right)y+\left(\dfrac{1}{10}\cos 4\pi t-\dfrac{11}{10}\mathrm{e}^{-t}+\dfrac{3}{10}\right)x \\[2mm] \quad +\left(\dfrac{4}{25}\cos 4\pi t+\dfrac{7}{5}\mathrm{e}^{-t}+\dfrac{3}{20}\right)h \\[2mm] q=\left(\dfrac{2}{25}\sin 4\pi t-\dfrac{4}{5}\mathrm{e}^{-t}+\dfrac{11}{5}\right)y+\left(\dfrac{1}{50}\sin 4\pi t-\dfrac{21}{100}\mathrm{e}^{-t}+\dfrac{7}{100}\right)x \\[2mm] \quad +\left(\dfrac{1}{25}\sin 4\pi t+\dfrac{23}{60}\mathrm{e}^{-t}+\dfrac{1}{5}\right)h \end{cases} \tag{4-11}$$

2. 刚性水击压力管道模型

由文献[16]可知，水轮机及压力管道传递函数为

$$G_t(s) = e_{my} \frac{1 + eG_h(s)}{1 - e_{qh}G_h(s)} \tag{4-12}$$

式中，$G_h(s)$为有压管流系统传递函数，刚性水击条件时其表达式为

$$G_h(s) = -2h_{\mathrm{w}}th(0.5T_rs) = -2h_{\mathrm{w}} \frac{\sum\limits_{i=0}^{n} \dfrac{(0.5T_rs)^{2i+1}}{(2i+1)!}}{\sum\limits_{i=0}^{n} \dfrac{(0.5T_rs)^{2i}}{(2i)!}} = -h_{\mathrm{w}}T_rs = -T_{\mathrm{w}}s \tag{4-13}$$

式中，h_{w}为管道特性系数；$T_r = 2L/v$，为弹性水击时间常数，s。将式(4-13)代入式(4-12)，得到刚性水击条件下水轮机及压力管道传递函数为

$$G_t(s) = \frac{e_{my} - ee_{my}T_{\mathrm{w}}s}{1 + e_{qh}T_{\mathrm{w}}s} \tag{4-14}$$

式中，e 为中间变量，$e = e_{qy}e_{mh}/e_{my} - e_{qh}$；$T_{\mathrm{w}}$ 为水流惯性时间常数，s。根据控制理论原理，将式(4-14)转化为状态空间方程形式：

$$\begin{cases} \dot{x}_1 = x_2 \\ \dot{x}_2 = -a_0x_1 - a_1x_2 + y \\ y = b_0x_1 + b_1x_2 \end{cases} \tag{4-15}$$

式中，$a_0 = 1$；$a_0 = e_{qh}T_{\mathrm{w}}$；$b_0 = e_{my}$；$b_1 = ee_{my}T_{\mathrm{w}}$。

3. 液压伺服系统模型

液压伺服系统的动力学模型为

$$\dot{y} = \frac{1}{T_y} \left[k_{\mathrm{p}}(r - \omega) + k_{\mathrm{i}}\int(r - \omega) + k_{\mathrm{d}}(r - \omega) - y \right] \tag{4-16}$$

式中，k_{p}、k_{i}、k_{d}分别为比例、积分、微分的调节系数；T_y为接力器反应时间常数，s。

联立式(4-11)～式(4-16)，得到突减负荷过渡过程水轮机调节系统数学模型如式(4-17)所示：

$$\begin{cases} \dot{x}_1 = x_2 \\ \dot{x}_2 = -a_0x_1 - a_1x_2 + y \\ \dot{q} = \left(\dfrac{2\pi}{25}\cos 4\pi t + \dfrac{21}{100}\mathrm{e}^{-t} \right)\dfrac{\omega}{2\pi} + \left(\dfrac{1}{50}\sin 4\pi t - \dfrac{21}{100}\mathrm{e}^{-t} + \dfrac{7}{100} \right)\dfrac{\dot{\omega}}{2\pi} \\ \quad + \left(\dfrac{8\pi}{25}\cos 4\pi t + \dfrac{4}{5}\mathrm{e}^{-t} \right)y + \left(\dfrac{2}{25}\sin 4\pi t - \dfrac{4}{5}\mathrm{e}^{-t} + \dfrac{11}{5} \right)\dot{y} + \left(\dfrac{4\pi}{25}\cos 4\pi t - \dfrac{23}{60}\mathrm{e}^{-t} \right)h \\ \quad + \left(\dfrac{1}{25}\sin 4\pi t + \dfrac{23}{60}\mathrm{e}^{-t} + \dfrac{1}{5} \right)\dot{h} \end{cases}$$

$$\tag{4-17}$$

$$
\begin{cases}
\dot{h} = \left[\dot{m}_t - \left(-\dfrac{2\pi}{5}\sin 4\pi t + \dfrac{11}{10}\mathrm{e}^{-t} \right)\dfrac{\omega}{2\pi} - \left(\dfrac{1}{10}\cos 4\pi t - \dfrac{11}{10}\mathrm{e}^{-t} + \dfrac{3}{10} \right)\dfrac{\dot{\omega}}{2\pi} \right. \\
\qquad - \left(-\dfrac{4\pi}{5}\sin 4\pi t + \dfrac{12}{5}\mathrm{e}^{-t} \right)y - \left(\dfrac{1}{5}\cos 4\pi t - \dfrac{12}{5}\mathrm{e}^{-t} + \dfrac{37}{10} \right)\dot{y} \\
\qquad \left. - \left(-\dfrac{16\pi}{25}\sin 4\pi t - \dfrac{7}{5}\mathrm{e}^{-t} \right)h \right] \Big/ \left(\dfrac{4}{25}\cos 4\pi t + \dfrac{7}{5}\mathrm{e}^{-t} + \dfrac{3}{20} \right) \\
\dot{y} = -\dfrac{1}{T_y}(u - y)
\end{cases}
$$

令 $\dot{x} = (\dot{x}_1, \dot{x}_2, \dot{q}, \dot{h}, \dot{y})^{\mathrm{T}}$，由式(4-17)得，突减负荷过渡过程水轮机调节系统的仿射非线性形式为

$$
\dot{x} = f(x) + g(x) \cdot u \tag{4-18}
$$

式中，

$$
f(x) = \begin{cases}
x_2 \\
-a_0 x_1 - a_1 x_2 + y \\
\left(\dfrac{2\pi}{25}\cos 4\pi t + \dfrac{21}{100}\mathrm{e}^{-t} \right)\dfrac{\omega}{2\pi} + \left(\dfrac{1}{50}\sin 4\pi t - \dfrac{21}{100}\mathrm{e}^{-t} + \dfrac{7}{100} \right)\dfrac{\dot{\omega}}{2\pi} \\
\qquad + \left(\dfrac{8\pi}{25}\cos 4\pi t + \dfrac{4}{5}\mathrm{e}^{-t} \right)y + \left(\dfrac{2}{25}\sin 4\pi t - \dfrac{4}{5}\mathrm{e}^{-t} + \dfrac{11}{5} \right)\dot{y} \\
\qquad + \left(\dfrac{4\pi}{25}\cos 4\pi t - \dfrac{23}{60}\mathrm{e}^{-t} \right)h \\
\qquad + \left(\dfrac{1}{25}\sin 4\pi t + \dfrac{23}{60}\mathrm{e}^{-t} + \dfrac{1}{5} \right)\dot{h} \\
\left[\dot{m}_t - \left(-\dfrac{2\pi}{5}\sin 4\pi t + \dfrac{11}{10}\mathrm{e}^{-t} \right)\dfrac{\omega}{2\pi} - \left(\dfrac{1}{10}\cos 4\pi t - \dfrac{11}{10}\mathrm{e}^{-t} + \dfrac{3}{10} \right)\dfrac{\dot{\omega}}{2\pi} ; \right. \\
\qquad - \left(-\dfrac{4\pi}{5}\sin 4\pi t + \dfrac{12}{5}\mathrm{e}^{-t} \right)y \\
\qquad - \left(\dfrac{1}{5}\cos 4\pi t - \dfrac{12}{5}\mathrm{e}^{-t} + \dfrac{37}{10} \right)\dot{y} \\
\qquad \left. - \left(-\dfrac{16\pi}{25}\sin 4\pi t - \dfrac{7}{5}\mathrm{e}^{-t} \right)h \right] \Big/ \left(\dfrac{4}{25}\cos 4\pi t + \dfrac{7}{5}\mathrm{e}^{-t} + \dfrac{3}{20} \right) \\
-\dfrac{1}{T_y}y
\end{cases}
$$

$g(x) = \left(0, 0, 0, 0, \dfrac{1}{T_y} \right)^{\mathrm{T}}$；$u$ 为调速器输出信号。

4.2.2　突增负荷过渡过程数学模型

1. 水轮机非线性模型

突增负荷过渡过程传递函数表达式如下：

$$
\begin{cases}
e_{my} = \dfrac{1}{5}\cos 4\pi t + 2\mathrm{e}^{-t} + \dfrac{8}{5} \\[2mm]
e_{mx} = \dfrac{1}{10}\cos 4\pi t + \dfrac{9}{10}\mathrm{e}^{-t} - \dfrac{7}{10} \\[2mm]
e_{mh} = \dfrac{4}{25}\cos 4\pi t - \dfrac{19}{10}\mathrm{e}^{-t} + \dfrac{17}{10} \\[2mm]
e_{qy} = \dfrac{2}{25}\sin 4\pi t + \dfrac{4}{5}\mathrm{e}^{-t} + \dfrac{7}{5} \\[2mm]
e_{qx} = \dfrac{1}{50}\sin 4\pi t + \dfrac{21}{100}\mathrm{e}^{-t} - \dfrac{3}{20} \\[2mm]
e_{qh} = \dfrac{1}{25}\sin 4\pi t - \dfrac{13}{30}\mathrm{e}^{-t} + \dfrac{3}{5}
\end{cases}
\tag{4-19}
$$

将式(4-19)代入式(4-1)，水轮机动力学模型可进一步表示为

$$
\begin{cases}
m_t = \left(\dfrac{1}{10}\cos 4\pi t + \dfrac{9}{10}\mathrm{e}^{-t} - \dfrac{7}{10}\right)x + \left(\dfrac{1}{5}\cos 4\pi t + 2\mathrm{e}^{-t} + \dfrac{8}{5}\right)y \\[2mm]
\qquad + \left(\dfrac{4}{25}\cos 4\pi t - \dfrac{19}{10}\mathrm{e}^{-t} + \dfrac{17}{10}\right)h \\[2mm]
q = \left(\dfrac{1}{50}\sin 4\pi t + \dfrac{21}{100}\mathrm{e}^{-t} - \dfrac{3}{20}\right)x + \left(\dfrac{2}{25}\sin 4\pi t + \dfrac{4}{5}\mathrm{e}^{-t} + \dfrac{7}{5}\right)y \\[2mm]
\qquad + \left(\dfrac{1}{25}\sin 4\pi t - \dfrac{13}{30}\mathrm{e}^{-t} + \dfrac{3}{5}\right)h
\end{cases}
\tag{4-20}
$$

2. 弹性水击压力管道模型

单机单管水力发电系统压力管道动力学模型如图 4-2 所示。

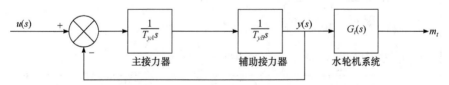

图 4-2　单机单管水力发电系统压力管道动力学模型

在图 4-2 中，辅助接力器反应时间常数 T_{yB} 可忽略不计。因此，考虑压力管道的弹性水击效应，其传递函数可以表示为

$$G_h(s) = -2h_{\mathrm{w}} \frac{\dfrac{1}{48}T_r^3 s^3 + \dfrac{1}{2}T_r s}{\dfrac{1}{8}T_r^2 s^2 + 1} \tag{4-21}$$

水轮机导叶开度相对偏差 y 到力矩相对偏差 m_t 的传递函数为

$$G_t(s) = -\frac{e_{my}}{e_{qh}} \cdot \frac{es^3 - \dfrac{3}{h_{\mathrm{w}}T_r}s^2 + \dfrac{24e}{T_r^2}s - \dfrac{24}{h_{\mathrm{w}}T_r^3}}{s^3 + \dfrac{3}{e_{qh}h_{\mathrm{w}}T_r}s^2 + \dfrac{24}{T_r^2}s + \dfrac{24}{e_{qh}h_{\mathrm{w}}T_r^3}} \tag{4-22}$$

式中，e 为中间变量，$e = e_{qy}e_{mh}/e_{my} - e_{qh}$；$h_{\mathrm{w}}$ 为管道特性系数；T_r 为弹性水击时间常数，s。

当压力管道考虑弹性水击时，根据压力管道传递函数式(4-21)，水轮机动态力矩相对偏差 m_t 与出力 P_{m} 可以表示为

$$\begin{cases} m_t = b_3 y + (b_0 - a_0 b_3)x_1 + (b_1 - a_1 b_3)x_2 + (b_2 - a_2 b_3)x_3 \\ P_{\mathrm{m}} = \omega m_t \end{cases} \tag{4-23}$$

式中，

$$\begin{cases}
b_0 = \dfrac{24\left(\dfrac{1}{5}\cos 4\pi t + 2\mathrm{e}^{-t} + \dfrac{8}{5}\right)}{\left(\dfrac{2}{25}\sin 4\pi t + \dfrac{4}{5}\mathrm{e}^{-t} + \dfrac{7}{5}\right)h_{\mathrm{w}}T_r^3} \\[4mm]
b_1 = \dfrac{24e\left(\dfrac{2}{25}\sin 4\pi t + \dfrac{4}{5}\mathrm{e}^{-t} + \dfrac{7}{5}\right)}{\left(\dfrac{1}{25}\sin 4\pi t - \dfrac{13}{30}\mathrm{e}^{-t} + \dfrac{3}{5}\right)T_r^2} \\[4mm]
b_2 = \dfrac{3\left(\dfrac{1}{5}\cos 4\pi t + 2\mathrm{e}^{-t} + \dfrac{8}{5}\right)}{\left(\dfrac{1}{25}\sin 4\pi t - \dfrac{13}{30}\mathrm{e}^{-t} + \dfrac{3}{5}\right)h_{\mathrm{w}}T_r} \\[4mm]
b_3 = -\dfrac{e\left(\dfrac{1}{5}\cos 4\pi t + 2\mathrm{e}^{-t} + \dfrac{8}{5}\right)}{\dfrac{1}{25}\sin 4\pi t - \dfrac{13}{30}\mathrm{e}^{-t} + \dfrac{3}{5}} \\[4mm]
e = \dfrac{\left(\dfrac{2}{25}\sin 4\pi t + \dfrac{4}{5}\mathrm{e}^{-t} + \dfrac{7}{5}\right)\left(\dfrac{4}{25}\cos 4\pi t - \dfrac{19}{10}\mathrm{e}^{-t} + \dfrac{17}{10}\right)}{\dfrac{1}{5}\cos 4\pi t + 2\mathrm{e}^{-t} + \dfrac{8}{5}} - \dfrac{1}{25}\sin 4\pi t - \dfrac{13}{30}\mathrm{e}^{-t} + \dfrac{3}{5}
\end{cases}$$

$$\tag{4-24}$$

$$
\begin{cases}
a_0 = \dfrac{24}{\left(\dfrac{2}{25}\sin 4\pi t + \dfrac{4}{5}\mathrm{e}^{-t} + \dfrac{7}{5}\right)h_{\mathrm{w}}T_r^{\,3}} \\[4ex]
a_1 = \dfrac{24}{T_r^{\,2}} \\[3ex]
a_2 = \dfrac{3}{\left(\dfrac{2}{25}\sin 4\pi t + \dfrac{4}{5}\mathrm{e}^{-t} + \dfrac{7}{5}\right)h_{\mathrm{w}}T_r}
\end{cases}
\tag{4-25}
$$

3. 液压伺服系统模型

水力发电系统调速器的调节方式按校正方式可以分为 PI 控制器调节、串联 PID 控制器调节与并联 PID 控制器调节。本部分考虑采用常见的并联 PID 控制器调节，忽略系统频率扰动对调速器动态特性的影响，则调速器输出信号 u 可以表示为

$$
u = -k_{\mathrm{p}}\omega - k_{\mathrm{i}}\int_0^t \omega \mathrm{d}t - k_{\mathrm{d}}\dot{\omega} = -k_{\mathrm{p}}\omega - \frac{k_{\mathrm{i}}}{\omega_0}\delta - k_{\mathrm{d}}\dot{\omega}
\tag{4-26}
$$

式中，k_{p}、k_{i}、k_{d} 分别为比例、积分、微分的调节系数。

液压伺服系统动态特性为

$$
T_y \frac{\mathrm{d}y}{\mathrm{d}t} + y = u
\tag{4-27}
$$

式中，T_y 为接力器反应时间常数，s。

将式(4-26)代入式(4-27)中，可以得到水力发电系统的调速器模型为

$$
\frac{\mathrm{d}y}{\mathrm{d}t} = \frac{1}{T_y}\left(-k_{\mathrm{p}}\omega - k_{\mathrm{i}}\int\Delta\omega - k_{\mathrm{d}}\dot{\omega} - y\right)
\tag{4-28}
$$

控制系统采用并联 PID 控制器模型，则单机单管水轮机系统非线性数学模型可以表示为

$$
\begin{cases}
\dot{x}_1 = x_2 \\[1ex]
\dot{x}_2 = x_3 \\[1ex]
\dot{x}_3 = -\dfrac{24}{\left(\dfrac{1}{25}\sin 4\pi t - \dfrac{13}{30}\mathrm{e}^{-t} + \dfrac{3}{5}\right)h_{\mathrm{w}}T_r^{\,3}}x_1 - \dfrac{24}{T_r^{\,2}}x_2 \\[4ex]
\qquad -\dfrac{3}{\left(\dfrac{1}{25}\sin 4\pi t - \dfrac{13}{30}\mathrm{e}^{-t} + \dfrac{3}{5}\right)h_{\mathrm{w}}T_r}x_3 + y
\end{cases}
\tag{4-29}
$$

$$\left\{\begin{aligned}
\dot{q} &= \left(\frac{1}{50}\sin 4\pi t + \frac{21}{100}e^{-t} - \frac{3}{20}\right)\frac{\dot{\omega}}{2\pi} + \left(\frac{2}{25}\sin 4\pi t + \frac{4}{5}e^{-t} + \frac{7}{5}\right)\dot{y} \\
&\quad + \left(\frac{1}{25}\sin 4\pi t - \frac{13}{30}e^{-t} + \frac{3}{5}\right)\dot{h} + \{[2\pi\cos(4\pi t)]/25 - 21/(100e^{t})\}\frac{\omega}{2\pi} \\
&\quad + \{[8\pi\cos(4\pi t)]/25 - 4/(5e^{-t})\}y + \{13/(30e^{t}) + [4\pi\cos(4\pi t)]/25\}h \\
\dot{h} &= \left\{\left[\dot{m}_t + \{9/(10e^{-t}) - [2\pi\sin(4\pi t)]/5\}\frac{\omega}{2\pi} - \left(\frac{1}{10}\cos 4\pi t + \frac{9}{10}e^{-t} - \frac{7}{10}\right)\frac{\dot{\omega}}{2\pi}\right.\right. \\
&\quad + \{2/e^{-t} - [4\pi\sin(4\pi t)]/5\}y - \left(\frac{1}{5}\cos 4\pi t + 2e^{-t} + \frac{8}{5}\right)\dot{y}\left]\left(\frac{4}{25}\cos 4\pi t - \frac{19}{10}e^{-t} + \frac{17}{10}\right)\right. \\
&\quad - \{19/(10e^{-t}) - [16\pi\sin(4\pi t)]/25\}\left[m_t - \left(\frac{1}{10}\cos 4\pi t + \frac{9}{10}e^{-t} - \frac{7}{10}\right)\frac{\omega}{2\pi}\right. \\
&\quad \left.\left.\left. - \left(\frac{1}{5}\cos 4\pi t + 2e^{-t} + \frac{8}{5}\right)y\right]\right\}\middle/\left(\frac{4}{25}\cos 4\pi t - \frac{19}{10}e^{-t} + \frac{17}{10}\right)^2 \right. \\
\dot{y} &= \frac{1}{T_y}(u - y)
\end{aligned}\right.$$

式(4-29)可以转化为仿射非线性方程组形式，即

$$\dot{X}_1 = f(x)_1 + g(x)_1 u \tag{4-30}$$

式中，$\dot{X} = [\dot{x}_1, \dot{x}_2, \dot{x}_3, \dot{q}, \dot{h}, \dot{y}]^T$；$g(x) = \left[0, 0, 0, 0, 0, \dfrac{1}{T_y}\right]^T$；

$$f(x) = \left\{\begin{aligned}
& x_2 \\
& x_3 \\
& -\frac{24}{\left(\dfrac{1}{25}\sin 4\pi t - \dfrac{13}{30}e^{-t} + \dfrac{3}{5}\right)h_w T_r^3}x_1 - \frac{24}{T_r^2}x_2 \\
& -\frac{3}{\left(\dfrac{1}{25}\sin 4\pi t - \dfrac{13}{30}e^{-t} + \dfrac{3}{5}\right)h_w T_r}x_3 + y \\
& \left(\frac{1}{50}\sin 4\pi t + \frac{21}{100}e^{-t} - \frac{3}{20}\right)\frac{\dot{\omega}}{2\pi} + \left(\frac{2}{25}\sin 4\pi t + \frac{4}{5}e^{-t} + \frac{7}{5}\right)\dot{y} \\
& \quad + \left(\frac{1}{25}\sin 4\pi t - \frac{13}{30}e^{-t} + \frac{3}{5}\right)\dot{h} \\
& \quad + \{[2\pi\cos(4\pi t)]/25 - 21/(100e^{t})\}\frac{\omega}{2\pi} + \{[8\pi\cos(4\pi t)]/25 - 4/(5e^{-t})\}y \\
& \quad + \{13/(30e^{t}) + [4\pi\cos(4\pi t)]/25\}h
\end{aligned}\right.。$$

$$
\left\{
\begin{aligned}
&\left\{\left[\dot{m}_t + \{9/(10\mathrm{e}^{-t}) - [2\pi\sin(4\pi t)]/5\}\frac{\omega}{2\pi} - \left(\frac{1}{10}\cos 4\pi t + \frac{9}{10}\mathrm{e}^{-t} - \frac{7}{10}\right)\frac{\dot{\omega}}{2\pi}\right.\right.\\
&\quad + \{2/\mathrm{e}^{-t} - [4\pi\sin(4\pi t)]/5\}y\\
&\quad - \left.\left(\frac{1}{5}\cos 4\pi t + 2\mathrm{e}^{-t} + \frac{8}{5}\right)\dot{y}\right]\left(\frac{4}{25}\cos 4\pi t - \frac{19}{10}\mathrm{e}^{-t} + \frac{17}{10}\right)\\
&\quad - \{19/(10\mathrm{e}^{-t}) - [16\pi\sin(4\pi t)]/25\}\left[m_t - \left(\frac{1}{10}\cos 4\pi t + \frac{9}{10}\mathrm{e}^{-t} - \frac{7}{10}\right)\frac{\omega}{2\pi}\right.\\
&\quad - \left.\left.\left(\frac{1}{5}\cos 4\pi t + 2\mathrm{e}^{-t} + \frac{8}{5}\right)y\right]\right\}\bigg/\left(\frac{4}{25}\cos 4\pi t - \frac{19}{10}\mathrm{e}^{-t} + \frac{17}{10}\right)^2\\
&{-y\frac{1}{T_y}}
\end{aligned}
\right.
$$

4.2.3 突减负荷水力发电系统暂态哈密顿模型与特性分析

1. 水轮机系统哈密顿建模

根据文献[17]，哈密顿系统的输出在形式上应与物理系统相似，以便与其他子系统相连接。因此，得到哈密顿系统输出与实际水轮机系统的关系式为

$$
y = g(x)^{\mathrm{T}}\frac{\partial H}{\partial x} = -p_{\mathrm{m}} \tag{4-31}
$$

求解式(4-31)得到式(4-18)对应的哈密顿函数为

$$
H_1 = 2b_0 x_1 + b_1 y - 2a_0 b_1 x_1 \tag{4-32}
$$

采用正交分解实现方法，将式(4-18)转化为广义哈密顿模型，如下所示[18]：

$$
\dot{X} = [J(x) + P(x)]\frac{\partial H_1}{\partial x} + g(x)u \tag{4-33}
$$

式中，$J(x) = \dfrac{1}{\|\nabla H_1(x)\|^2}\left[f_{\mathrm{td}}(x)\dfrac{\partial^{\mathrm{T}} H_1(x)}{\partial x} - \dfrac{\partial H_1(x)}{\partial x}f_{\mathrm{td}}^{\mathrm{T}}(x)\right]$；$P(x) = \dfrac{\langle f(x), \nabla H_1(x)\rangle}{\|\nabla H_1(x)\|^2}I_n$；$f_{\mathrm{td}}$ 为 $f(x)$ 沿梯度方向的向量。

对称矩阵 $P(x)$ 可以继续分解为

$$
P(x) = \left[\left(a_0 b_1 x_1 + b_0 T_y x_2\right)y - \left(b_0 x_1 y + b_1 y^2\right)\right]I_n = -R(x) + S(x) \tag{4-34}
$$

根据文献[19]，系统的能量流定义如下：

$$
\frac{\mathrm{d}H_1}{\mathrm{d}t} = -\mathrm{d}H_1 R(x)\nabla H_1 + \mathrm{d}H_1 S(x)\nabla H_1 + y^{\mathrm{T}}u \tag{4-35}
$$

式(4-35)中 $-\mathrm{d}H_1 R(x)\nabla H_1$ 表示系统的能量耗散。

$$
-\mathrm{d}H_1 R(x)\nabla H_1 = \left(-ee_{my}T_{\mathrm{w}}x_1 + e_{my}T_y x_2\right)\left[\left(e_{my} + ee_{my}T_{\mathrm{w}}\right)T_y y^2 + T_y^2 m_t^2\right]y \tag{4-36}
$$

式(4-36)说明系统的能量耗散包括机组克服惯性所需的空载功耗,部分出力能耗和导叶开度变化所产生的功耗。

式(4-35)中 $\mathrm{d}H_1 S(x)\nabla H_1$ 表示系统的内部产能:

$$\mathrm{d}H_1 S(x)\nabla H_1 = y\left(e_{my}x_1 - ee_{my}T_w y\right)\left[\left(\frac{\partial H_1}{\partial x_1}\right)2 + T_y^2 m_t^2\right] \tag{4-37}$$

式(4-35)表示系统能量的产生与力矩及导叶开度变化有直接关系。式(4-36)和式(4-37)中所描述的能量均为广义能量,其能量流变化和实际系统一致且物理意义明确。

根据文献[20],为使系统保持正定,式(4-33)进一步实现耗散形式。根据判定条件李导数 $L_g H_1 = \langle g(x),\nabla H_1\rangle \neq 0$,因此系统存在反馈耗散。选择新的控制率:

$$u = v - \frac{1}{g\nabla H_1}S(x)\|\nabla H_1\|^2 \tag{4-38}$$

将式(4-38)代入式(4-33)中可得

$$\dot{X} = \left[J(x) + \tilde{J}(x) - R(x)\right]\nabla H_1 + g(x)\cdot v \tag{4-39}$$

式中, $\tilde{J}(x) = \dfrac{1}{L_g H_1}\left[s(x)\nabla H_1 g^{\mathrm{T}} - g\nabla H^{\mathrm{T}}_1 s(x)\right]\cdot\nabla H_1$,整理得

$$\begin{aligned}
J_1(x) &= J(x) + \tilde{J}(x) \\
&= \frac{1}{\|\nabla H_1(x)\|^2}\left[f_{\mathrm{td}}(x)\frac{\partial H_1^{\mathrm{T}}(x)}{\partial x} - \frac{\partial H_1(x)}{\partial x}f^{\mathrm{T}}_{\mathrm{td}}(x)\right] \\
&\quad + \frac{1}{L_g H_1}\left[s(x)\nabla H_1 g^{\mathrm{T}} - g\nabla H^{\mathrm{T}}_1 s(x)\right]\cdot\nabla H_1
\end{aligned} \tag{4-40}$$

综上所述,式(4-39)可简化为广义哈密顿耗散实现形式:

$$\dot{X} = \left[J(x) - R(x)\right]\frac{\partial H_1}{\partial x} + g(x)\cdot v \tag{4-41}$$

2. 发电机哈密顿模型

由文献[21],三阶发电机的哈密顿模型为

$$\begin{bmatrix} \dot{\delta} \\ \dot{\omega} \\ \dot{E}'_q \end{bmatrix} = \begin{bmatrix} 0 & C_1 & 0 \\ -C_1 & -C_D & 0 \\ 0 & 0 & -C_G \end{bmatrix}\begin{bmatrix} \dfrac{\partial H_2}{\partial \delta} \\ \dfrac{\partial H_2}{\partial \omega} \\ \dfrac{\partial H_2}{\partial E'_q} \end{bmatrix} + \begin{bmatrix} 0 & 0 \\ A & 0 \\ 0 & \dfrac{\omega_0}{T_d} \end{bmatrix}\begin{bmatrix} m_t \\ E_f \end{bmatrix} \tag{4-42}$$

式中，δ 为发电机功角度标幺值；ω 为发电机角速度标幺值；E_q' 为发电机 q 轴暂态电势标幺值；E_f 为励磁控制器输出标幺值；T_d 为 d 轴暂态时间常数，s；$C_1 = \dfrac{1}{T_{ab}}$ ；

$C_D = \dfrac{D}{T_{ab}^2 \omega_0}$ ； $C_G = \dfrac{\omega_0 X_{ad}}{T_{d0}' X_f}$ ；哈密顿函数为

$$H_2 = \frac{T_{ab}}{2}\omega^2 + \frac{V_s^2}{2}\frac{x_{q\Sigma} - x_{d\Sigma}}{x_{q\Sigma}x_{d\Sigma}}\cos^2\delta + \frac{V_s^2}{2x_{q\Sigma}} + \frac{1}{2x_{d\Sigma}'x_{d\Sigma}X_f}\left(X_{ad}V_s\cos\delta - x_{d\Sigma}\frac{X_f}{X_{ad}}E_q'\right)^2 。$$

由式(4-29)，得到非线性水力发电系统哈密顿模型：

$$\dot{X} = \left[J(x) - R(x)\right]\frac{\partial H}{\partial x} + g(x)\cdot v \tag{4-43}$$

式中，$\dot{X} = [\dot{x}_1, \dot{x}_2, \dot{x}_3, \dot{q}, \dot{h}, \dot{y}, \dot{w}, \dot{E}_q', \dot{y}]^{\mathrm{T}}$ ；$J(x)$ 为结构矩阵，反映了系统参数的互联机制；$R(x)$ 为耗散矩阵，反映了系统的内部功耗；控制规律 v 反映了系统外部的能量供给；哈密顿函数 H 为

$$H = H_1 + H_2 = 2b_0x_1 + b_1y - 2a_0b_1x_1 + \frac{T_{ab}}{2}\omega^2 + \frac{V_s^2}{2}\frac{x_{q\Sigma} - x_{d\Sigma}}{x_{q\Sigma}x_{d\Sigma}}\cos^2\delta$$
$$+ \frac{V_s^2}{2x_{q\Sigma}} + \frac{1}{2x_{d\Sigma}'x_{d\Sigma}X_f}\left(X_{ad}V_s\cos\delta - x_{d\Sigma}\frac{X_f}{X_{ad}}E_q'\right)^2 \tag{4-44}$$

3. 哈密顿模型动态特性分析

为了验证所建机组哈密顿模型的正确性并探究突减负荷工况下机组的能量动态特性，通过数值模拟给出模型式(4-43)哈密顿函数与模型式(4-23)机组出力动态关系，水力发电机组突减负荷哈密顿函数动态响应如图 4-3 所示。机组主要参数为：$x_{d\Sigma}'=0.6775$，$x_{q\Sigma}=0.9975$，$T_d=5.4$s，$T_y=2.95$s，$V_s=1.0$，$X_{ad}=0.97$，$X_f=1.29$，$T_{ab}=8.999$s，$D=2.0$，$T_r=2.0$s，$h_w=3.0$，$k_p=5.5$，$k_i=2.5$，$k_d=1.5$。计算初值为 0，时长为 5s。

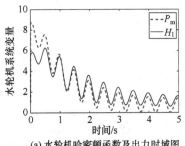
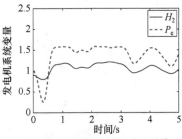

(a) 水轮机哈密顿函数及出力时域图　　　(b) 发电机哈密顿函数及出力时域图

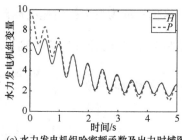

(c) 水力发电机组哈密顿函数及出力时域图

图 4-3　水力发电机组突减负荷哈密顿函数动态响应

1) 突减负荷暂态哈密顿模型能量特性

分析图 4-3 可知,所建哈密顿函数与机组出力在突减负荷过程中的动态趋势具有一致性。由图 4-3(a)可知,水轮机出力 P_m 与哈密顿函数 H_1 二者均呈现波动减小的趋势,说明本小节选取的系统哈密顿函数包含了在突减负荷工况下水轮机系统过渡过程中的能量信息。在图 4-3(b)中,发电机电磁功率 P_e 与其哈密顿函数 H_2 的变化规律相似,但不具有明显的增减性。在图 4-3(c)中,水力发电机组哈密顿函数 H 也呈现出波动减小的趋势。上述现象说明,本小节选取的哈密顿函数能够较好地反映突减负荷过渡过程中系统主要能量信息的变化情况。

2) 突减负荷机组运行参数特性

为了进一步探究突减负荷过渡过程中机组运行参数变化特征,给出发电机角速度、发电机功角、q 轴暂态电势和流量相对偏差等主要运行参数的动态响应,结果如图 4-4 所示。分析图 4-4 可知,在突减负荷工况下,水力发电系统的主要参数变化均较为明显。突减负荷过渡过程中系统阻力矩的减小,导致发电机角速度及其功角出现小幅波动,同时 q 轴暂态电势 E_q' 随时间波动变化。随着水力发电系统负荷的减小,水轮机出力随之减小,因此进入系统的水流流量逐渐减小。上述水力发电系统参数的动态响应与工程实际相符,说明所建立的暂态哈密顿系统能够较准确地反映系统过渡过程中的动态运行特性。

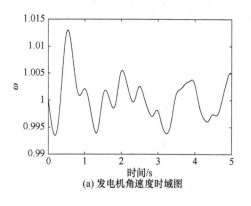

(a) 发电机角速度时域图

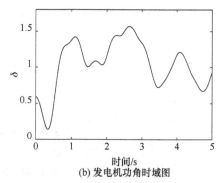

(b) 发电机功角时域图

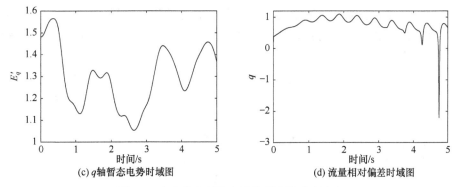

(c) q 轴暂态电势时域图　　　　　　(d) 流量相对偏差时域图

图 4-4　水力发电系统突减负荷参数动态响应

3) 机组运行参数对系统影响规律

接力器反应时间常数 T_y 和积分调节系数 k_i 分别是水轮机调节系统速动性能与控制器调差性能的重要指标[22, 23]。为了更充分地验证所建水力发电系统暂态哈密顿模型的可靠性，本部分将利用时域方法验证突减负荷过渡过程工况下系统能量特性。

图 4-5 为接力器反应时间常数 T_y 分别为 3s、4s 和 5s 时系统哈密顿函数动态响应。由图可知，随着接力器反应时间常数的增加，系统能量函数在 0~2.7s 时快速响应，且各条曲线波峰之间的距离随时间的增加而减小，在 t=2.7s 时三条曲线重合于一点。当 t>2.7s 以后，系统能量函数的响应速率减缓，且各条曲线波峰之间又出现差距。结果表明，随着接力器反应时间常数 T_y 的减小，在运行负荷突然减小的情况下，系统能量波动较小且系统能够在较短时间内做出响应。

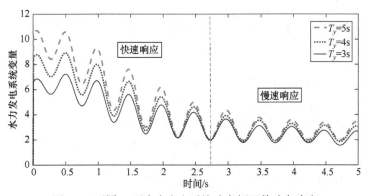

图 4-5　不同 T_y 下水力发电系统哈密顿函数动态响应

图 4-6 为 k_i 由 2.5 变化到 5.5(步长为 1)时的系统哈密顿函数动态响应。很明显，当 t<1.965s 时，图中四条曲线的变化趋势几乎相同，曲线路径也基本重合，通过曲线拟合计算出该段曲线的递减梯度为 2.09。当 t>1.965s 时，各条曲线的变化规律逐渐不同，但仍然具有随时间下降的趋势。同时，k_i 越大，各条曲线之间

的差距Δi 随着时间增大，而各条曲线波峰波谷之差随着时间减小。结果表明，k_i 在一定范围内增大，系统能量函数波动幅值有一定程度的减小，有利于系统的稳定运行。

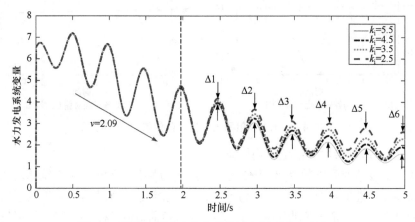

图 4-6　不同 k_i 下水力发电系统哈密顿函数动态响应

4.2.4　突增负荷水力发电系统暂态哈密顿模型与特性分析

1. 水轮机系统哈密顿建模

式(4-29)可以转化为仿射非线性方程组形式，即

$$\dot{X}_1 = f(x)_1 + g(x)_1 u \tag{4-45}$$

式中，$\dot{X} = [\dot{x}_1, \dot{x}_2, \dot{x}_3, \dot{q}, \dot{h}, \dot{y}]^{\mathrm{T}}$；$g(x) = \left[0, 0, 0, 0, 0, \dfrac{1}{T_y}\right]^{\mathrm{T}}$；

$$\begin{cases}
x_2 \\
x_3 \\
-\dfrac{24}{\left(\dfrac{1}{25}\sin 4\pi t - \dfrac{13}{30}\mathrm{e}^{-t} + \dfrac{3}{5}\right)h_{\mathrm{w}}T_r^{\,3}} x_1 - \dfrac{24}{T_r^{\,2}} x_2 \\
-\dfrac{3}{\left(\dfrac{1}{25}\sin 4\pi t - \dfrac{13}{30}\mathrm{e}^{-t} + \dfrac{3}{5}\right)h_{\mathrm{w}}T_r} x_3 + y \\
\left(\dfrac{1}{50}\sin 4\pi t + \dfrac{21}{100}\mathrm{e}^{-t} - \dfrac{3}{20}\right)\dfrac{\dot{\omega}}{2\pi} + \left(\dfrac{2}{25}\sin 4\pi t + \dfrac{4}{5}\mathrm{e}^{-t} + \dfrac{7}{5}\right)\dot{y} \\
\quad + \left(\dfrac{1}{25}\sin 4\pi t - \dfrac{13}{30}\mathrm{e}^{-t} + \dfrac{3}{5}\right)\dot{h}
\end{cases}$$

$$f(x) = \begin{cases} +\{[2\pi\cos(4\pi t)]/25 - 21/(100e^{-t})\}\dfrac{\omega}{2\pi} + \{[8\pi\cos(4\pi t)]/25 - 4/(5e^{-t})\}y \\[2mm] +\{13/(30e^{-t}) + [4\pi\cos(4\pi t)]/25\}h \\[2mm] \left\{\left(\dot{m}_t + \{9/(10e^{-t}) - [2\pi\sin(4\pi t)]/5\}\dfrac{\omega}{2\pi} - \left(\dfrac{1}{10}\cos 4\pi t + \dfrac{9}{10}e^{-t} - \dfrac{7}{10}\right)\dfrac{\dot{\omega}}{2\pi}\right. \\[2mm] +\{2/e^{-t} - [4\pi\sin(4\pi t)]/5\}y \\[2mm] \left. -\left(\dfrac{1}{5}\cos 4\pi t + 2e^{-t} + \dfrac{8}{5}\right)\dot{y}\right)\left(\dfrac{4}{25}\cos 4\pi t - \dfrac{19}{10}e^{-t} + \dfrac{17}{10}\right) \\[2mm] -\{19/(10e^{-t}) - [16\pi\sin(4\pi t)]/25\}\left[m_t - \left(\dfrac{1}{10}\cos 4\pi t + \dfrac{9}{10}e^{-t} - \dfrac{7}{10}\right)\dfrac{\omega}{2\pi}\right. \\[2mm] \left.\left. -\left(\dfrac{1}{5}\cos 4\pi t + 2e^{-t} + \dfrac{8}{5}\right)y\right]\right\} \Big/ \left(\dfrac{4}{25}\cos 4\pi t - \dfrac{19}{10}e^{-t} + \dfrac{17}{10}\right)^2 \\[2mm] -y\dfrac{1}{T_y} \end{cases} 。$$

根据哈密顿函数转化关系式 $g(x)_1^{\mathrm{T}}\dfrac{\partial H_1}{\partial X_1} = -P_{\mathrm{m}}$，可以由式(4-45)得到水轮机系统的哈密顿函数 H_1 的表达式为

$$H_1 = [T_y y(2b_0 x_1 + 2b_1 x_2 + 2b_2 x_3 + b_3 y - 2a_0 b_3 x_1 - 2a_1 b_3 x_2 - 2a_2 b_3 x_3)]/2 \quad (4\text{-}46)$$

根据文献[24]和[25]，仿射非线性方程组式(4-46)可以进一步转化为如下哈密顿数学模型：

$$\dot{X}_1 = [J(x)_1 + P(x)_1]\dfrac{\partial H_1}{\partial x} + g(x)_1 u \quad (4\text{-}47)$$

式中，$J(x)_1$ 是反对称矩阵，$P(x)_1$ 是对称矩阵，$J(x)_1$ 和 $P(x)_1$ 的表达式为

$$J(x)_1 = \begin{bmatrix} 0 & j_{12} & j_{13} & j_{14} & j_{15} & j_{16} \\ -j_{12} & 0 & j_{23} & j_{24} & j_{25} & j_{26} \\ -j_{13} & -j_{23} & 0 & j_{34} & j_{35} & j_{36} \\ -j_{14} & -j_{24} & -j_{34} & 0 & j_{45} & j_{46} \\ -j_{15} & -j_{25} & -j_{35} & -j_{45} & 0 & j_{56} \\ -j_{16} & -j_{26} & -j_{36} & -j_{46} & -j_{56} & 0 \end{bmatrix}, \quad P(x)_1 = \begin{bmatrix} p & 0 & 0 & 0 & 0 & 0 \\ 0 & p & 0 & 0 & 0 & 0 \\ 0 & 0 & p & 0 & 0 & 0 \\ 0 & 0 & 0 & p & 0 & 0 \\ 0 & 0 & 0 & 0 & p & 0 \\ 0 & 0 & 0 & 0 & 0 & p \end{bmatrix}$$

$P(x)_1$ 可以被进一步分解为

$$P(x)_1 = \dfrac{1}{\left\|\nabla H_1(x)\right\|^2}\langle f(x), \nabla H_1 \rangle = S(x)_1 - R(x)_1 \quad (4\text{-}48)$$

式中，

$$S(x)_1 = \begin{bmatrix} s(x) & 0 & 0 & 0 & 0 & 0 \\ 0 & s(x) & 0 & 0 & 0 & 0 \\ 0 & 0 & s(x) & 0 & 0 & 0 \\ 0 & 0 & 0 & s(x) & 0 & 0 \\ 0 & 0 & 0 & 0 & s(x) & 0 \\ 0 & 0 & 0 & 0 & 0 & s(x) \end{bmatrix};$$

$$R(x)_1 = \begin{bmatrix} r(x) & 0 & 0 & 0 & 0 & 0 \\ 0 & r(x) & 0 & 0 & 0 & 0 \\ 0 & 0 & r(x) & 0 & 0 & 0 \\ 0 & 0 & 0 & r(x) & 0 & 0 \\ 0 & 0 & 0 & 0 & r(x) & 0 \\ 0 & 0 & 0 & 0 & 0 & r(x) \end{bmatrix}。$$

因此，上述水轮机哈密顿模型也可以被写为如下形式：

$$\dot{X}_1 = [J(x)_1 + S(x)_1 - R(x)_1]\frac{\partial H_1}{\partial x} + g(x)_1 u \tag{4-49}$$

由于矩阵 $J(x)_1$、$P(x)_1$、$S(x)_1$ 和 $R(x)_1$ 表达式过于复杂，本书不再一一列出，其求解框架详见文献[26]。

2. 发电机哈密顿模型

发电机模型选取三阶电机模型，即

$$\begin{cases} \dot{\delta} = \omega_0 \omega \\ \dot{\omega} = \dfrac{1}{T_{ab}}(m_t - P_e - D\omega) \\ \dot{E}'_q = -\dfrac{\omega_0}{T_d}\dfrac{x_{d\Sigma}}{x'_{d\Sigma}}E'_q + \dfrac{\omega_0}{T_d}\dfrac{x_{d\Sigma} - x'_{d\Sigma}}{x'_{d\Sigma}}V_s\cos\delta + \dfrac{\omega_0}{T_d}E_f \end{cases} \tag{4-50}$$

式中，δ 为发电机功角，rad；ω 为发电机角速度标幺值；D 为阻尼系数，rad；T_{ab} 为机组惯性时间常数，s；E'_q 为发电机 q 轴暂态电势标幺值；E_f 为励磁控制器输出标幺值；T_d 为 d 轴暂态时间常数，s；P_e 为发电机电磁功率标幺值，可认为其等效于发电机电磁力矩 m_e。

根据文献[27]，可以将式(4-50)转化为三阶电机哈密顿模型：

$$\begin{bmatrix} \dot{\delta} \\ \dot{\omega} \\ \dot{E}'_q \end{bmatrix} = \begin{bmatrix} 0 & C_1 & 0 \\ -C_1 & -C_D & 0 \\ 0 & 0 & -C_G \end{bmatrix}\begin{bmatrix} \dfrac{\partial H_2}{\partial \delta} \\ \dfrac{\partial H_2}{\partial \omega} \\ \dfrac{\partial H_2}{\partial E'_q} \end{bmatrix} + \begin{bmatrix} 0 & 0 \\ A & 0 \\ 0 & \dfrac{\omega_0}{T_d} \end{bmatrix}\begin{bmatrix} m_t \\ E_f \end{bmatrix} \tag{4-51}$$

式中，$C_1 = \dfrac{1}{T_{ab}}$；$C_D = \dfrac{D}{T_{ab}^2 \omega_0}$；$C_G = \dfrac{\omega_0 X_{ad}}{T_d X_f}$。

由于哈密顿函数等于其自然出力，故由式(4-51)求得发电机哈密顿函数 H_2 为

$$H_2 = \frac{T_{ab}}{2}\omega^2 + \frac{V_s^2}{2}\frac{x_{q\Sigma} - x_{d\Sigma}}{x_{q\Sigma}x_{d\Sigma}}\cos^2\delta + \frac{V_s^2}{2x_{q\Sigma}} + \frac{1}{2x_{d\Sigma}'x_{d\Sigma}X_f}\left(X_{ad}V_s\cos\delta - x_{d\Sigma}\frac{X_f}{X_{ad}}E_q'\right)^2$$

$$(4\text{-}52)$$

式中，X_f 为励磁绕组电抗标幺值；X_{ad} 为 d 轴感应电抗标幺值。

在式(4-52)中，系统变量 δ、ω、m_t 等中含有式(4-19)所示突增负荷过渡过程中的水轮机动态传递系数。根据以上分析，将水轮机系统与发电机系统统一，得到突增负荷过渡过程中的单机单管水力发电系统非线性数学模型为

$$
\begin{cases}
\dot{x}_1 = x_2 \\[4pt]
\dot{x}_2 = x_3 \\[4pt]
\dot{q} = \left(\dfrac{1}{50}\sin 4\pi t + \dfrac{21}{100}\mathrm{e}^{-t} - \dfrac{3}{20}\right)\dfrac{\dot\omega}{2\pi} + \left(\dfrac{2}{25}\sin 4\pi t + \dfrac{4}{5}\mathrm{e}^{-t} + \dfrac{7}{5}\right)\dot{y} \\[8pt]
\qquad + \left(\dfrac{1}{25}\sin 4\pi t - \dfrac{13}{30}\mathrm{e}^{-t} + \dfrac{3}{5}\right)\dot{h} + \{[2\pi\cos(4\pi t)]/25 - 21/(100\mathrm{e}^t)\}\dfrac{\omega}{2\pi} \\[8pt]
\qquad + \{[8\pi\cos(4\pi t)]/25 - 4/(5\mathrm{e}^{-t})\}y + \{13/(30\mathrm{e}^t) + [4\pi\cos(4\pi t)]/25\}h \\[8pt]
\dot{y} = \dfrac{1}{T_y}(u - y) \\[8pt]
\dot{h} = \left\{\left(\dot{m}_t + \{9/(10\mathrm{e}^{-t}) - [2\pi\sin(4\pi t)]/5\}\dfrac{\omega}{2\pi} - \left(\dfrac{1}{10}\cos 4\pi t + \dfrac{9}{10}\mathrm{e}^{-t} - \dfrac{7}{10}\right)\dfrac{\dot\omega}{2\pi}\right. \right. \\[8pt]
\qquad + [2/\mathrm{e}^{-t} - [4\pi\sin(4\pi t)]/5]y - \left(\dfrac{1}{5}\cos 4\pi t + 2\mathrm{e}^{-t} + \dfrac{8}{5}\right)\dot{y}\right)\left(\dfrac{4}{25}\cos 4\pi t - \dfrac{19}{10}\mathrm{e}^{-t} + \dfrac{17}{10}\right) \\[8pt]
\qquad - \{19/(10\mathrm{e}^{-t}) - [16\pi\sin(4\pi t)]/25\}[m_t - \left(\dfrac{1}{10}\cos 4\pi t + \dfrac{9}{10}\mathrm{e}^{-t} - \dfrac{7}{10}\right)\dfrac{\omega}{2\pi} \\[8pt]
\qquad \left. \left. - \left(\dfrac{1}{5}\cos 4\pi t + 2\mathrm{e}^{-t} + \dfrac{8}{5}\right)y]\right\}\right/\left(\dfrac{4}{25}\cos 4\pi t - \dfrac{19}{10}\mathrm{e}^{-t} + \dfrac{17}{10}\right)^2 \\[8pt]
\dot{\delta} = \omega_0\omega \\[6pt]
\dot{\omega} = \dfrac{1}{T_{ab}}(m_t - P_e - D\omega) \\[8pt]
\dot{E}_q' = -\dfrac{\omega_0}{T_d}\dfrac{x_{d\Sigma}}{x_{d\Sigma}'}E_q' + \dfrac{\omega_0}{T_d}\dfrac{x_{d\Sigma} - x_{d\Sigma}'}{x_{d\Sigma}'}V_s\cos\delta + \dfrac{\omega_0}{T_d}E_f
\end{cases}
$$

$$(4\text{-}53)$$

将式(4-53)转化为水力发电系统暂态哈密顿数学模型，即

$$\dot{X} = [J(x) + S(x) - R(x)]\frac{\partial H}{\partial x} + g(x)u \qquad (4-54)$$

式中，$\dot{X} = [\dot{x}_1, \dot{x}_2, \dot{x}_3, \dot{q}, \dot{h}, \dot{y}, \dot{\delta}, \dot{\omega}, \dot{E}'_q]$；$H$ 为突增负荷过渡过程下的水力发电系统哈密顿函数，其表达式为

$$H = H_1 + H_2$$

$$= [T_y y(2b_0 x_1 + 2b_1 x_2 + 2b_2 x_3 + b_3 y - 2a_0 b_3 x_1 - 2a_1 b_3 x_2 - 2a_2 b_3 x_3)] / 2 + \frac{T_{ab}}{2}\omega^2$$

$$+ \frac{V_s^2}{2}\frac{x_{q\Sigma} - x_{d\Sigma}}{x_{q\Sigma} x_{d\Sigma}}\cos^2\delta + \frac{V_s^2}{2x_{q\Sigma}} + \frac{1}{2x'_{d\Sigma} x_{d\Sigma} X_f}\left(X_{ad} V_s \cos\delta - x_{d\Sigma}\frac{X_f}{X_{ad}}E'_q\right)^2$$

$$(4-55)$$

3. 哈密顿模型动态特性分析

本部分通过数值模拟分析所建立的突增负荷单机单管水力发电系统哈密顿数学模型动态特性。系统主要参数为：$k_p=5$，$k_i=2.5$，$k_d=1.5$，$x'_{d\Sigma}=0.6775$，$x_{q\Sigma}=0.9975$，$T_d=5.4$s，$T_y=0.5$s，$V_s=1$，$X_{ad}=0.97$，$X_f=1.29$，$T_{ab}=8.999$s，$D=5$，$T_r=0.8$s，$h_w=2$。

单机单管水力发电系统的哈密顿函数突增负荷动态响应如图 4-7 所示。同时，该单机单管哈密顿水力发电系统突增负荷主要影响指标(发电机角速度 ω、功角 δ、水轮机导叶开度相对偏差 y 及 q 轴暂态电势 E'_q)的动态响应如图 4-8 所示。

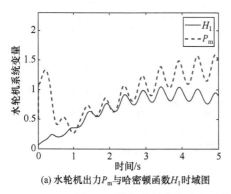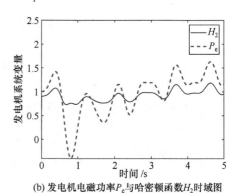

(a) 水轮机出力 P_m 与哈密顿函数 H_1 时域图　　(b) 发电机电磁功率 P_e 与哈密顿函数 H_2 时域图

图 4-7　单机单管水力发电系统的哈密顿函数突增负荷动态响应

在图 4-7(a)中，水轮机出力 P_m 与哈密顿函数 H_1 具有相似的变化趋势，二者均呈现增加的趋势。需注意的是，在 0～0.4s 时，水轮机哈密顿函数 H_1 与其出力 P_m 的变化不匹配，是由于数值模拟的初值敏感性与动态传递系数初值选择存在微小误差。在图 4-7(b)中，发电机电磁功率 P_e 与其哈密顿函数 H_2 的变化规律一致

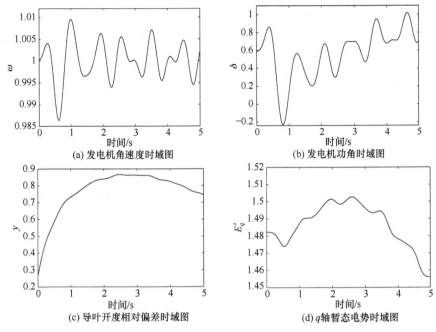

图 4-8　单机单管哈密顿水力发电系统突增负荷主要影响指标动态响应

(如具有相同的波峰波谷)。上述现象说明，所建立的暂态哈密顿函数能够很好地反映突增负荷过渡过程中系统主要动态信息的变化情况，因此可以作为一个候选的 Lyapunov 函数，用于分析系统暂态稳定性。

从图 4-8 中可以看出，随着水力发电系统负荷的增加，水轮机导叶开度相对偏差 y 逐渐增加。由于突增负荷过渡过程中水轮机流量相对偏差与力矩相对偏差的增加，发电机角速度 ω 及其功角 δ 往复振荡，同时 q 轴暂态电势 E_q' 动态变化。当水轮机导叶打到预定位置，其打开速度减慢，会造成压力管道的反调效应，致使导叶开度轻微回闭，如图 4-8(c)所示。上述水力发电系统主要影响指标的动态响应与理论和工程实际是相符的，说明所建立的暂态哈密顿系统可以较准确地反映系统的动态运行特性。

通常对突增负荷过渡过程的研究是基于小波动理论，通过引入阶跃扰动 u 来表征系统负荷的动态变化。本部分将比较传统阶跃扰动哈密顿模型与本节所建立的非线性暂态哈密顿模型，说明本节所建模型的优越性。单机单管水力发电系统突增负荷过渡过程哈密顿函数输出对比结果如图 4-9 所示。

在图 4-9 中，分别引入阶跃扰动为 $u=0.01$，$u=0.05$，$u=0.1$ 的水力发电系统弹性水击模型。观察可知，传统阶跃扰动哈密顿模型具有以下两点特征：哈密顿函数一定程度上受阶跃数的限定，即随着阶跃扰动 u 的增加，哈密顿函数越来越大。阶跃扰动大小影响哈密顿函数动态特性的描述，即随着阶跃扰动 u 的增加，哈密顿函数曲线上出现连续微小波动，说明哈密顿函数在高阶跃响应时失真。相对地，本节所建立的非线性哈密顿模型，其哈密顿函数在整个过渡过程中是波动增加的，在 3.5～5s 时的变化速度稍快于 0～3.5s 的增长速度，该模型结果具有明确数值与走向。因此，本节所建立的水力发电系统暂态哈密顿模型在描述系统大波动暂态信息上具有一定优势。

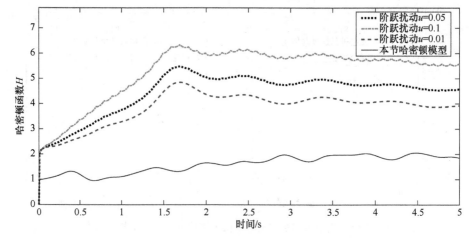

图 4-9　单机单管水力发电系统突增负荷过渡过程哈密顿函数输出对比

为进一步验证本节所建模型的可靠性，将数值结果与实验结果进行对比分析。某水电站水力发电系统的基本信息如表 4-1 所示。

表 4-1　某水电站水力发电系统基本信息

系统参数	规格
水轮机装机容量	150MW
水轮机型号	HL99.5-LJ-344.2
额定转速	333.3r/min
额定水头	312m
额定出力	153MW
额定流量	53.5m³/s
设计水头下平均效率	93.77%

该单机单管水力发电系统实验测点布置如图 4-10 所示。当下游水位从 Z_1 增加到 Z_2，水力发电系统将历经增负荷运行状态，水轮机导叶缓缓打开，流量不断增加。在此过渡过程下，收集各个测点信息，获得相应的实验数据。

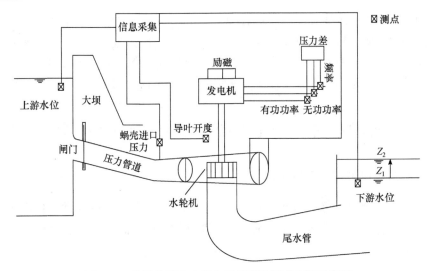

图 4-10　单机单管水力发电系统实验测点布置示意图

为了使对比清晰且方便，表 4-2 为我国某水电站水力发电系统实测数据转化而来的突增负荷过渡过程下水轮机出力与流量测量的相对值。将实验所得水轮机出力测量相对值 P_{mc} 与数值模拟的水轮机出力 P_m 比较，结果如图 4-11 所示。

表 4-2　我国某水电站水力发电系统突增负荷实测数据

时间/s	0	0.71	1.43	2.14	2.86	3.57	4.29	5.00
P_{mc}	0.4486	0.5624	0.6864	0.7976	0.9229	0.9305	1.0402	1.2000
q_c	0.4398	0.5327	0.6368	0.7303	0.8376	0.8480	0.9361	1.1000

注：P_{mc} 表示水轮机出力测量的相对值；q_c 表示水轮机流量测量的相对值。

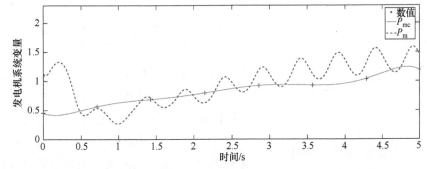

图 4-11　单机单管水力发电系统突增负荷水轮机出力数值模拟结果 P_m 与实验结果 P_{mc} 对比

由图 4-11 可知，在突增负荷过渡过程中，水轮机出力测量相对值 P_{mc} 与数值模拟出的水轮机出力 P_m 的变化趋势一致，均随时间不断增加。值得注意的是，在 0～

0.47s 时，实验与数值测量结果稍有偏差，可能是由于系统初值敏感性；在 0～0.47s，动态传递系数的选取具有一定误差；采集的有限数据点造成对比结果缺少细节波动信息；实验操作与误差。综上所述，本节所建立的单机单管模型在一定程度上可以用于描述水力发电系统在大波动暂态过程中的动态特性。

4.3　一管多机水力发电系统暂态哈密顿模型与特性分析

4.3.1　水力发电系统暂态数学模型

本小节主要以一管两机水力发电系统为例，给出相应建模与动态特性研究方法。假定支管道 2 正常运行的情况下，支管道 1 突减负荷。如图 4-12 所示为一管两机水力发电系统示意图。

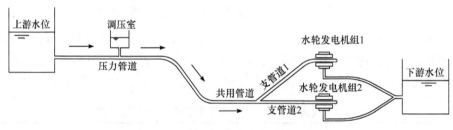

图 4-12　一管两机水力发电系统示意图

1. 一管两机水轮机模型

根据内特性法，基于 6 个传递系数(e_{mx}、e_{my}、e_{mh}、e_{qx}、e_{qy}、e_{qh})表达的一管两机水轮机动力学模型为

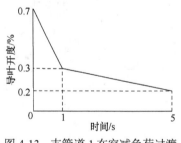

图 4-13　支管道 1 在突减负荷过渡
过程中导叶关闭方式

$$\begin{cases} m_{ti} = e_{mxi}x_i + e_{myi}y_i + e_{mhi}h_i \\ q_i = e_{qxi}x_i + e_{qyi}y_i + e_{qhi}h_i \end{cases}, (i=1,2) \quad (4\text{-}56)$$

式中，i 为支管道个数，对于一管两机，$i=1,2$。

式(4-56)中，水轮机非线性模型建立的关键是求解运行工况(支管道 2 正常运行的情况下，支管道 1 突减负荷)下两支管道的动态传递系数。假设支管道 1 突减负荷过渡过程持续时间为 5s，导叶采用如图 4-13 所示两段折线关闭方式。

综上所述，突减负荷水轮机动态传递函数为

$$
\begin{cases}
e_{my1} = \dfrac{1}{5}\cos 4\pi t - \dfrac{12}{5}\mathrm{e}^{-t} + \dfrac{37}{10} \\[2mm]
e_{mx1} = \dfrac{1}{10}\cos 4\pi t - \dfrac{11}{10}\mathrm{e}^{-t} + \dfrac{3}{10} \\[2mm]
e_{mh1} = \dfrac{4}{25}\cos 4\pi t + \dfrac{7}{5}\mathrm{e}^{-t} + \dfrac{3}{20} \\[2mm]
e_{qy1} = \dfrac{2}{25}\sin 4\pi t - \dfrac{4}{5}\mathrm{e}^{-t} + \dfrac{11}{5} \\[2mm]
e_{qx1} = \dfrac{1}{50}\sin 4\pi t - \dfrac{21}{100}\mathrm{e}^{-t} + \dfrac{7}{100} \\[2mm]
e_{qh1} = \dfrac{1}{25}\sin 4\pi t + \dfrac{23}{60}\mathrm{e}^{-t} + \dfrac{1}{5}
\end{cases}
\tag{4-57}
$$

由于支管道 2 处于正常运行状态，支管道 1 对支管道 2 产生的动态影响主要来自共用管道的水力耦合效应，但这种耦合效应的影响是有限的，故假设共用管道耦合效应引起支管道 2 的负荷波动范围为±20%。此外，由于支管道 2 的运行特性不可预测，故认为与支管道 2 相连的水轮机模型具有简单随机特性。因此，假设支管道 2 的传递系数在图 2-3 限定的±20%负荷范围内随机波动，令传递系数以时间 t 为尺度产生六组随机动态组合，利用最小二乘法进行 5 次多项式拟合，则可得到支管道 2 的水轮机动态传递系数的 5 次多项式系数为

$$
\begin{bmatrix}
e_{my2} \\
e_{mx2} \\
e_{mh2} \\
e_{qy2} \\
e_{qx2} \\
e_{qh2}
\end{bmatrix}
=
\begin{bmatrix}
-0.0354 & 0.4080 & -1.5562 & 2.0064 & 0 & 0.8797 \\
-0.0026 & 0.0185 & -0.0121 & -0.0875 & 0 & -0.6033 \\
0.0212 & -0.2462 & 0.9250 & -1.1195 & 0 & 1.8812 \\
0.0164 & -0.1944 & 0.7613 & -1.0039 & 0 & 1.5736 \\
0.0048 & -0.0556 & 0.2145 & -0.2817 & 0 & -0.0493 \\
-0.0040 & 0.0353 & -0.0858 & 0.0412 & 0 & 0.5796
\end{bmatrix}
\tag{4-58}
$$

将式(4-57)和式(4-58)代入式(4-56)，可分别得到与支管道 1 和支管道 2 相连的水轮机动力学模型。

2. 复杂管系压力管道模型

一管两机水力发电系统压力管道模型如图 4-14 所示。

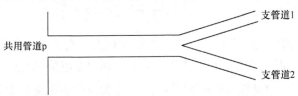

图 4-14　一管两机水力发电系统压力管道模型

将管壁与水体视为弹性体，则管道水击传递函数可以表示为

$$G_{Di} = \frac{-T_{wp}s - T_{wi}s}{1 + \dfrac{T_{wi}T_{wp}s^2}{4h_{wi}^2}} \tag{4-59}$$

式中，i 为支管道数；T_{wp} 为共用管道的水流惯性时间常数，s；T_{wi} 为支管道 i 的水流惯性时间常数，s；h_{wi} 为支管道 i 的管道特征系数。

式(4-59)可以改写为如下输入输出微分方程形式：

$$h'' + a_1 h = b_1 q' \tag{4-60}$$

可进一步转换为状态空间形式：

$$\begin{cases} x_1' = x_2 + b_1 q \\ x_2' = -a_1 x_1 \\ x_1 = h \end{cases} \tag{4-61}$$

式中，$a_1 = \dfrac{4h_{wi}^2}{T_{wi}T_{wp}}$；$b_1 = -4\dfrac{h_{wi}^2 T_{wp} + h_{wi}^2 T_{wi}}{T_{wi}T_{wp}}$，$i$=1, 2。

3. 调速器模型

支管道 1 与支管道 2 的调速器模型均选取普遍适用的并联 PID 控制器，对于任意支管道 i，其调速器的动态输出特性可以表示为

$$\dot{y}_i = \frac{1}{T_y}\left(-k_p\omega_i - \frac{k_i}{\omega_0}\delta_i - k_d\dot{\omega}_i - y_i\right), (i=1, 2) \tag{4-62}$$

式中，k_p、k_i、k_d 分别为比例、积分、微分的调节系数；T_y 为接力器反应时间常数，s。

4. 三阶发电机模型

发电机模型基本框架采用文献[24]提出的三阶发电机模型，对一管两机系统，其各支管道 i 的发电机模型为

$$\begin{cases} \dot{\delta}_i = \omega_0\omega_i \\ \dot{\omega}_i = \dfrac{1}{T_{ab}}(m_{ti} - p_e - D\omega_i) \\ \dot{E}_q' = -\dfrac{\omega_0}{T_d}\dfrac{x_{d\Sigma}}{x_{d\Sigma}'}E_q' + \dfrac{\omega_0}{T_d}\dfrac{x_{d\Sigma} - x_{d\Sigma}'}{x_{d\Sigma}'}V_s\cos\delta_i + \dfrac{\omega_0}{T_d}E_f \end{cases}, (i=1, 2) \tag{4-63}$$

式中，δ 为发电机功角标幺值；ω 为发电机角速度标幺值；D 为阻尼系数，rad；T_{ab} 为水轮机惯性时间常数，s；E_q' 为发电机 q 轴暂态电势标幺值；E_f 为励磁控制器输出标幺值；T_d 为 d 轴暂态时间常数，s；P_e 为发电机电磁功率标幺值，可认为其等效于发电机电磁力矩 m_e。

在式(4-63)中，对于与支管道 1 相连的发电机，其水轮机力矩相对偏差 m_t、发电机功角 δ 和发电机角速度标幺值 ω 等表达式中包含的水轮机动态传递系数来自式(4-57)；而对于与支管道 2 相连的发电机，相应方程中水轮机动态传递系数选取式(4-58)。

故建立一管两机水力发电系统大波动暂态哈密顿数学模型，研究工况为支管道 2 正常运行的情况下，支管道 1 突增负荷运行。

4.3.2　一管两机水力发电系统暂态哈密顿模型

根据式(4-19)所示的突增负荷水轮机动态传递系数，与支管道 1 相连的水轮机非线性模型可以表示为

$$
\begin{cases}
m_t = \left(\dfrac{1}{10}\cos 4\pi t + \dfrac{9}{10}\mathrm{e}^{-t} - \dfrac{7}{10} \right)x + \left(\dfrac{1}{5}\cos 4\pi t + 2\mathrm{e}^{-t} + \dfrac{8}{5} \right)y \\
\qquad + \left(\dfrac{4}{25}\cos 4\pi t - \dfrac{19}{10}\mathrm{e}^{-t} + \dfrac{17}{10} \right)h \\
q = \left(\dfrac{1}{50}\sin 4\pi t + \dfrac{21}{100}\mathrm{e}^{-t} - \dfrac{3}{20} \right)x + \left(\dfrac{2}{25}\sin 4\pi t + \dfrac{4}{5}\mathrm{e}^{-t} + \dfrac{7}{5} \right)y \\
\qquad + \left(\dfrac{1}{25}\sin 4\pi t - \dfrac{13}{30}\mathrm{e}^{-t} + \dfrac{3}{5} \right)h
\end{cases}
\tag{4-64}
$$

由于支管道 1 对支管道 2 的负荷波动影响是有限的，可将支管道 2 看作小波动运行，与支管道 2 相连的水轮机传递系数可取定值，即

$e_{my2}=0.7713$；$e_{mh2}=0.7179$；$e_{mx2}=-1.0673$；$e_{qy2}=0.8184$；$e_{qh2}=0.7257$；$e_{qx2}=-0.2901$。

因此，与支管道 2 相连的水轮机模型可以表示为

$$
\begin{cases}
m_t = -1.0673x + 0.7713y + 0.7179h \\
q = -0.2901x + 0.8184y + 0.7257h
\end{cases}
\tag{4-65}
$$

将管壁与水体视为弹性体时，压力管道传递函数模型为式(4-61)，对于一管两机任意支管道 i，其水轮机系统模型为

$$
\begin{cases}
\dot{x}_{1i} = x_{2i} - 4\dfrac{h_{wi}^2 T_{wp} + h_{wi}^2 T_{wi}}{T_{wi} T_{wp}}(e_{qxi}x_i + e_{qyi}y_i + e_{qhi}h_i), \quad (x_{1i} = h_i) \\
\dot{x}_{2i} = -\dfrac{4h_{wi}^2}{T_{wi} T_{wp}} x_{1i} \\
\dot{y}_i = \dfrac{1}{T_{yi}}(u - y_i)
\end{cases}
, (i=1,2) \tag{4-66}
$$

将式(4-66)转化为仿射非线性方程组形式，即

$$\dot{X}_{1i} = f_{1i}(x) + g_{1i}(x)u \tag{4-67}$$

式中，$\dot{X}_{1i} = [\dot{x}_{1i}, \dot{x}_{2i}, \dot{y}_i]^{\mathrm{T}}$；$g_{1i}(x) = \left[0, 0, \dfrac{1}{T_y}\right]^{\mathrm{T}}$；

$$f_{1i}(x) = \begin{bmatrix} x_{2i} - 4\dfrac{h_{\mathrm{wi}}^2 T_{\mathrm{wp}} + h_{\mathrm{wi}}^2 T_{\mathrm{wi}}}{T_{\mathrm{wi}} T_{\mathrm{wp}}}(e_{qxi}x_i + e_{qyi}y_i + e_{qhi}h_i) \\ -\dfrac{4h_{\mathrm{wi}}^2}{T_{\mathrm{wi}} T_{\mathrm{wp}}}x_{1i} \\ -\dfrac{1}{T_y}y_i \end{bmatrix}。$$

依据哈密顿函数选择原则：

$$g_{1i}^{\mathrm{T}}(x)\frac{\partial H_{1i}}{\partial X_{1i}} = -m_{ti},\ (i=1,2) \tag{4-68}$$

因此，利用式(4-68)，可以由式(4-67)得到一管两机水力发电系统大波动暂态工况下与各个支管道 i 相连的水轮机暂态哈密顿函数为

$$\begin{cases} H_{11} = -\dfrac{T_y y_1(2\pi n_1 e_{mx1} + 2\pi x_{11} e_{mh1} + e_{my1}\pi y_1)}{2\pi}, & (i=1) \\ H_{12} = -\dfrac{T_y(34358\pi x_{12} - 21346\pi n_2 + 15426\pi y_2)^2}{617040000\pi^2}, & (i=2) \end{cases} \tag{4-69}$$

式中，H_{11} 为与支管道 1 相连的水轮机暂态哈密顿函数；H_{12} 为与支管道 2 相连的水轮机暂态哈密顿函数。

根据文献[28]和[29]，与支管道 i 相连的水轮机暂态哈密顿模型也可以表示为

$$\dot{X}_{1i} = [J_{1i}(x) + S_{1i}(x) - R_{1i}(x)]\frac{\partial H_{1i}}{\partial x} + g_{1i}(x)u,\ (i=1,2) \tag{4-70}$$

式中，$J_{1i}(x)$ 为反对称矩阵；$S_{1i}(x)$ 与 $R_{1i}(x)$ 均为对角阵。由于矩阵 $J_{1i}(x)$、$S_{1i}(x)$ 及 $R_{1i}(x)$ 计算表达式过于复杂，这里不再详细展示。

在本小节中，与各支管道 i 相连的发电机模型框架采用式(4-63)所示的三阶发电机模型，对于一管两机水力发电系统，其在大波动暂态工况下的发电机哈密顿模型为

$$\begin{bmatrix} \dot{\delta}_i \\ \dot{\omega}_i \\ \dot{E}_{qi}' \end{bmatrix} = \begin{bmatrix} 0 & C_1 & 0 \\ -C_1 & -C_D & 0 \\ 0 & 0 & -C_G \end{bmatrix} \begin{bmatrix} \dfrac{\partial H_{2i}}{\partial \delta_i} \\ \dfrac{\partial H_{2i}}{\partial \omega_i} \\ \dfrac{\partial H_{2i}}{\partial E_{qi}'} \end{bmatrix} + \begin{bmatrix} 0 & 0 \\ C_1 & 0 \\ 0 & \dfrac{\omega_0}{T_d} \end{bmatrix} \begin{bmatrix} m_{ti} \\ E_f \end{bmatrix},\ (i=1,2) \tag{4-71}$$

因此，与各支管道 i 相连的发电机暂态哈密顿函数 H_{2i} 为

$$
\begin{aligned}
H_{2i} &= \frac{T_{ab}}{2}\omega_i^2 + \frac{V_s^2}{2}\frac{x_{q\Sigma} - x_{d\Sigma}}{x_{q\Sigma}x_{d\Sigma}}\cos^2\delta_i + \frac{V_s^2}{2x_{q\Sigma}} \\
&\quad + \frac{1}{2x'_{d\Sigma}x_{d\Sigma}X_f}\left(X_{ad}V_s\cos\delta_i - x_{d\Sigma}\frac{X_f}{X_{ad}}E'_{qi}\right)^2
\end{aligned}
\tag{4-72}
$$

综上所述，一管两机水力发电系统大波动暂态哈密顿函数可以表示为

$$
\begin{cases}
\begin{aligned}
H_1 &= -\frac{T_y y_i(2\pi n_i e_{mxi} + 2\pi x_{1i}e_{mhi} + e_{myi}\pi y_i)}{2\pi} + \frac{T_{ab}}{2}\omega_i^2 \\
&\quad + \frac{V_s^2}{2}\frac{x_{q\Sigma} - x_{d\Sigma}}{x_{q\Sigma}x_{d\Sigma}}\cos^2\delta_i + \frac{V_s^2}{2x_{q\Sigma}} + \frac{1}{2x'_{d\Sigma}x_{d\Sigma}X_f} \\
&\quad \left(X_{ad}V_s\cos\delta_i - x_{d\Sigma}\frac{X_f}{X_{ad}}E'_{qi}\right)^2, \quad (i=1) \\[2mm]
H_2 &= -\frac{T_y(34358\pi x_{1i} - 21346\pi n_i + 15426\pi y_i)^2}{617040000\pi^2} + \frac{T_{ab}}{2}\omega_i^2 \\
&\quad + \frac{V_s^2}{2}\frac{x_{q\Sigma} - x_{d\Sigma}}{x_{q\Sigma}x_{d\Sigma}}\cos^2\delta_i + \frac{V_s^2}{2x_{q\Sigma}} + \frac{1}{2x'_{d\Sigma}x_{d\Sigma}X_f} \\
&\quad \left(X_{ad}V_s\cos\delta_i - x_{d\Sigma}\frac{X_f}{X_{ad}}E'_{qi}\right)^2, \quad (i=2)
\end{aligned}
\end{cases}
\tag{4-73}
$$

4.3.3　哈密顿模型动态特性分析

本小节对所建立的一管两机水力发电系统大波动暂态哈密顿模型进行数值模拟，研究系统动力学运行特性。系统主要参数为：$k_p=6$，$k_i=2$，$k_d=1.5$，$T_d=5.4\text{s}$，$T_y=1.5\text{s}$，$T_{ab}=8.999\text{s}$，$T_w=2.2\text{s}$，$T_{wp}=2\text{s}$，$w_0=314$，$V_s=1$，$X_{ad}=2$，$X_f=1.29$，$T_{ab}=8.999\text{s}$，$D=2$，$h_w=2$，$x'_{d\Sigma}=0.6775$，$x_{q\Sigma}=0.9975$。

一管两机水力发电系统哈密顿动态响应如图 4-15 所示。对于支管道 1 和支管道 2，水轮机哈密顿函数与其出力，发电机哈密顿函数与其电磁功率均具有相似的变化趋势。证明本节所建立的暂态哈密顿系统可以很好地反映一管两机水力发电系统在大波动暂态过程下的详细动态信息。具体地，支管道 1 的水轮机哈密顿函数(除最初运行阶段)随时间波动增加，而支管道 2 的水轮机哈密顿函数逐渐减小；支管道 1 与支管道 2 的发电机哈密顿函数随时间不断波动。上述现象的原因可以概括为：共用管道来水量一定的情况下，支管道 1 突增负荷导致其流量与出力逐渐增大，管道水力耦合必然会影响支管道 2 的运行状态。

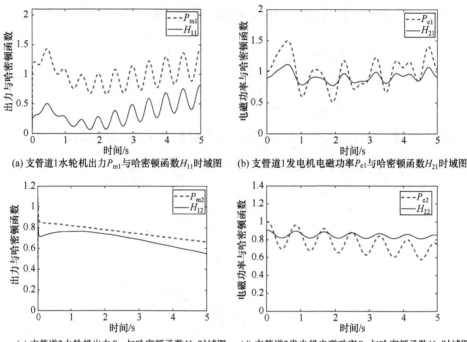

(a) 支管道1水轮机出力P_{m1}与哈密顿函数H_{11}时域图　(b) 支管道1发电机电磁功率P_{e1}与哈密顿函数H_{21}时域图

(c) 支管道2水轮机出力P_{m2}与哈密顿函数H_{12}时域图　(d) 支管道2发电机电磁功率P_{e2}与哈密顿函数H_{22}时域图

图 4-15　一管两机水力发电系统哈密顿动态响应

图 4-16 为支管道 1 和支管道 2 的各主要影响指标在大波动暂态运行工况下的动态响应。在图 4-16 中，支管道 1 的发电机角速度 ω、功角 δ 及水轮机导叶开度相对偏差 y 随时间变化幅度明显要大于支管道 2，这是由一管两机系统运行工况决定的，即支管道 2 正常运行的情况下支管道 1 进入了突增负荷运行阶段。此外，两支管道的发电机角速度 ω 的数值变化范围均很微小，约为(0.993，1.006)，这是由于在突增负荷过渡过程中水力发电系统并未与电网解列，机组频率不会有太大波动。在图 4-16(c)中，我们注意到，一管两机系统在大波动暂态过程后期也存在导叶开度回调现象。

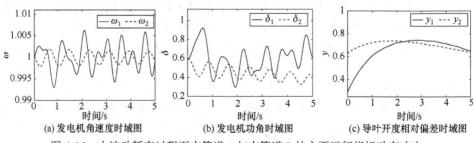

(a) 发电机角速度时域图　　(b) 发电机功角时域图　　(c) 导叶开度相对偏差时域图

图 4-16　大波动暂态过程下支管道 1 与支管道 2 的主要运行指标动态响应

本节所建立的一管两机水力发电系统大波动暂态哈密顿函数突破了传统静态

模型与单机单管布置形式的双重限制。为了证明所建立的非线性暂态哈密顿模型的可靠性,增加了对比验证实验。对比模型来自文献[30],该模型主要通过引入高斯白噪声等外部随机激励来反映多机系统的动态运行。为了便于分析与描述,现将本节所建立的暂态哈密顿系统模型定义为模型 1,对比模型定义为模型 2。一管两机哈密顿系统模型动态响应如图 4-17 所示。

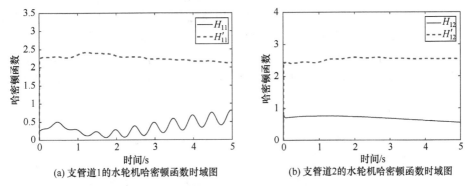

(a) 支管道1的水轮机哈密顿函数时域图　　　　(b) 支管道2的水轮机哈密顿函数时域图

图 4-17　一管两机哈密顿系统模型动态响应

　　首先,在图 4-17(a)中,模型 1 的支管道 1 水轮机哈密顿函数 H_{11} 随时间逐渐波动增加;然而,模型 2 的支管道 1 水轮机哈密顿函数 H_{11}' 在暂态过程中逐渐减小,不符合水轮机力矩在突增负荷过渡过程中的变化趋势。其次,在图 4-17(b)中,模型 1 的支管道 2 水轮机哈密顿函数 H_{12} 在整个暂态过程(即 0~5s)中随时间缓慢变化。相反地,模型 2 的支管道 2 水轮机哈密顿函数 H_{12}' 在 3~5s 时为恒定值,这不符合理论与实际。最后,由于共用管道在大波动暂态过程下对支管道 2 的耦合作用,支管道 2 必然会随时间或多或少地产生持续变化。因此,本节所建立的一管两机系统暂态哈密顿模型的可靠性得到验证。

4.4　变顶高尾水洞水电站系统暂态哈密顿模型与特性分析

　　水电站的尾水结构主要有有压隧洞、无压隧洞和变顶高尾水洞三种形式[31-33]。变顶高尾水洞作为一种特殊尾水结构,在一定条件下可以代替尾水调压室[34-36]。变顶高尾水洞可以根据下游水位变化,调整有压满流段的长度,保证尾水管进口处真空度要求。变顶高尾水洞的特殊结构导致其存在明满流过渡现象且受到多种不确定性因素影响,变顶高尾水洞水电站系统的瞬态稳定性更加复杂[37-40]。因此,深入探究变顶高尾水洞水电站在瞬态过程的稳定机理具有重要意义。本节在广义哈密顿理论框架下将变顶高尾水洞水电站系统转化为哈密顿系统,通过分解系统结构矩阵,揭示系统能量流变化与实际物理过程关联。

4.4.1　变顶高尾水洞水电站系统数学模型

变顶高尾水洞水电站如图 4-18 所示。一方面，在机组负荷调节过程中，尾水洞中明满流过渡会改变其水流惯性；另一方面，机组工作水头也受到明流段水位波动影响。本小节中，$h=(H-H_0)/H_0$，$q=(Q-Q_0)/Q_0$，$x=(n-n_0)/n_0$，$y=(Y-Y_0)/Y_0$，$m_t=(M_t-M_{t0})/M_{t0}$，$m_g=(M_g-M_{g0})/M_{g0}$，m_t 和 m_g 分别为变量 M_t 和 M_g 的相对偏差；下标 0 为初值；n 为机组转速，r/min；α 为变顶高尾水洞顶坡角，(°)；B 为变顶高尾水洞宽度，m；Y 为导叶开度；H_x 为明满流分界面处水深，m；c 为明流段明渠波速，m/s；M_g 为水轮机阻力矩；M_t 为水轮机动力矩；λ 为尾水洞断面系数；T_a 为机组惯性时间常数，s；m_g 为负荷扰动标幺值；k_i 为积分调节系数；k_p 为比例调节系数。

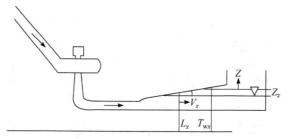

图 4-18　变顶高尾水洞水电站示意图[37]

变顶高尾水洞水电站压力管道动态方程可表示为

$$h = -\left(T_{ws} + T_{wx}\right)\frac{\mathrm{d}q}{\mathrm{d}t} - \frac{2h_f}{H_0}q - z_y \tag{4-74}$$

式中，$T_{ws}=LV/gH_0$；$T_{wx}=L_xV_x/gH_0$；$z_y=Z_y/H_0$；f 为压力管道断面面积，m²；h_f 为管道水头损失，m；L 为压力管道长度，m；Q 为机组流量，m³/s；V 为管道水流流速，m/s；L_x 为明满流分界面任意瞬态时刻相对初始位置的运动距离，m；V_x 为明满流分界面处水流流速，m/s；T_{ws} 为稳态水流惯性时间常数，s；H 为工作水头，m；T_{wx} 为暂态水流惯性时间常数，s；Z_y 为任意时刻相对初始水位的明流段水位变化值，m。

变顶高尾水洞的洞顶坡度一般不超过 5%，其明满流分界面处流量方程可以表示为[37]

$$(Q-Q_0)\Delta t = L_x Z_y B / \lambda \tag{4-75}$$

因此，$L_x = \dfrac{\lambda Q_0}{cB\tan\alpha}q$，$T_{wx} = \dfrac{\lambda Q_0}{gH_0 cB\tan\alpha}q$。由 $Z_y = L_x\tan\alpha$ 可知 $z_y = \dfrac{\lambda Q_0}{H_0 cB}q$。由 T_{wx} 和 z_y 表达式可将式(4-74)转化为

$$h = -\frac{\lambda Q_0 V_x}{gH_0 cB\tan\alpha}q\frac{\mathrm{d}q}{\mathrm{d}t} - T_{ws}\frac{\mathrm{d}q}{\mathrm{d}t} - \left(\frac{2h_f}{H_0} + \frac{\lambda Q_0}{H_0 cB}\right)q \tag{4-76}$$

水轮机动态特性表达式为

$$\begin{cases} m_t = e_{mx}x + e_{my}y + e_{mh}h \\ q = e_{qx}x + e_{qy}y + e_{qh}h \end{cases} \tag{4-77}$$

式中，e_{my}、e_{mx}、e_{mh} 为水轮机力矩传递系数；e_{qh}、e_{qx}、e_{qy} 为水轮机流量传递系数；x、y、h、q、m_t 分别为机组转速相对偏差、导叶开度相对偏差、有压引水系统水头相对偏差、流量相对偏差和水轮机力矩相对偏差。

发电机及其负荷动力学方程为

$$T_a\frac{\mathrm{d}x}{\mathrm{d}t} = m_t - \left(m_g + e_g x\right) \tag{4-78}$$

式中，e_g 为发电机自调节系数。

接力器动力学方程为

$$\frac{\mathrm{d}y}{\mathrm{d}t} = -k_p\frac{\mathrm{d}x}{\mathrm{d}t} - k_i x \tag{4-79}$$

式中，k_p、k_i 分别为积分、微分的调节系数。

综合式(4-76)~式(4-79)，变顶高尾水洞水电站系统非线性动力学模型为

$$\begin{cases} \dot{x} = \dfrac{1}{T_a}\left[\dfrac{e_{mh}}{e_{qh}}q + \left(e_{mx} - \dfrac{e_{mh}}{e_{qh}}e_{qx} - e_g\right)x + \left(e_{my} - \dfrac{e_{mh}}{e_{qh}}e_{qy}\right)y - m_g\right] \\[3mm] \dot{y} = -\dfrac{k_p}{T_a}\dfrac{e_{mh}}{e_{qh}}q - \left[\dfrac{k_p}{T_a}\left(e_{mx} - \dfrac{e_{mh}}{e_{qh}}e_{qx} - e_g\right) + k_i\right]x - \dfrac{k_p}{T_a}\left(e_y - \dfrac{e_{mh}}{e_{qh}}e_{qy}\right)y + \dfrac{k_p}{T_a}m_g \\[3mm] \dot{q} = \dfrac{-\left(\dfrac{2h_f}{H_0} + \dfrac{\lambda Q_0}{H_0 cB} + \dfrac{1}{e_{qh}}\right)q + \dfrac{e_{qx}}{e_{qh}}x + \dfrac{e_{qy}}{e_{qh}}y}{\dfrac{\lambda Q_0 V_x}{gH_0 cB\tan\alpha}q + T_{ws}} \end{cases}$$

$$\tag{4-80}$$

4.4.2　变顶高尾水洞水电站系统暂态哈密顿模型

由式(4-80)可得，变顶高尾水洞水电站系统仿射非线性方程为

$$\dot{X} = f(x) + g(x)u \tag{4-81}$$

式中，$\dot{X} = [\dot{q},\ \dot{x},\ \dot{y}]^T$；$g(x) = \left[0,\ 0,\ \dfrac{1}{T_y}\right]^T$；$f(x) = [X_1,\ X_2,\ X_3]^T$；

$$X_1 = \frac{-\left(\dfrac{2h_f}{H_0} + \dfrac{\lambda Q_0}{H_0 cB} + \dfrac{1}{e_{qh}}\right)q + \dfrac{e_{qx}}{e_{qh}}x + \dfrac{e_{qy}}{e_{qh}}y}{\dfrac{\lambda Q_0 V_x}{gH_0 cB \tan\alpha}q + T_{ws}}; \quad X_2 = \frac{1}{T_a}\left[\dfrac{e_{mh}}{e_{qh}}q + \left(e_{mx} - \dfrac{e_{mh}}{e_{qh}}e_{qx} - e_g\right)x +\right.$$

$$\left.\left(e_{my} - \dfrac{e_{mh}}{e_{qh}}e_{qy}\right)y - m_g\right]; \quad X_3 = \frac{-\dfrac{k_p}{T_a}\dfrac{e_{mh}}{e_{qh}}q - \left[\dfrac{k_p}{T_a}\left(e_{mx} - \dfrac{e_{mh}}{e_{qh}}e_{qx} - e_g\right) + k_i\right]x + \dfrac{k_p}{T_a}m_g}{\dfrac{k_p}{T_a}\left(e_y - \dfrac{e_h}{e_{qh}}e_{qy}\right)}; \quad T_y$$

为接力器时间常数，s；u 为调速器输出信号。

哈密顿系统自然输出可以表示为[41]

$$y_H = g(x)^T \frac{\partial H}{\partial X} = -P_m \tag{4-82}$$

式中，P_m 为水轮机出力。

由式(4-77)和 $P_m = m_t\omega$ 可知，水轮机出力可以表示为

$$P_m = \frac{\pi}{30}x\left[\frac{e_{mh}}{e_{qh}}\left(q - e_{qx}x - e_{qy}y\right) + e_{mx}x + e_{my}y\right] \tag{4-83}$$

因此，由式(4-82)和式(4-83)可得哈密顿函数为

$$H = \frac{\pi T_y y\left(2e_{mh}e_{qx}x + e_{mh}e_{qy}y - 2e_{mh}q - 2e_{qh}e_{mx}x - e_{qh}e_{my}y\right)}{60e_{qh}} \tag{4-84}$$

采用正交分解方法，将式(4-81)转化成哈密顿模型为

$$\dot{X} = [J(x) + P(x)]\frac{\partial H}{\partial x} + g(x)u \tag{4-85}$$

式中，$J(x)$ 为反对称矩阵；$P(x)$ 为对称矩阵，且有

$$f_{td}(x) = f(x) - \frac{\langle f(x), \nabla H(x)\rangle}{\|\nabla H(x)\|^2}\frac{\partial H(x)}{\partial x} \tag{4-86}$$

$$P(x) = \frac{\langle f(x), \nabla H(x)\rangle}{\|\nabla H(x)\|^2}I_3 = \begin{bmatrix} N & 0 & 0 \\ 0 & N & 0 \\ 0 & 0 & N \end{bmatrix} \tag{4-87}$$

式中，$N = \dfrac{\langle f(x), \nabla H(x)\rangle}{\|\nabla H(x)\|^2}$。

$$J(x) = \frac{1}{\|\nabla H(x)\|^2}\left[f_{td}(x)\nabla H^T(x) - \nabla H(x)f_{td}^T(x)\right]$$

$$= \frac{1}{\|\nabla H(x)\|^2}\begin{bmatrix} 0 & J_{12} & J_{13} \\ J_{12} & 0 & J_{23} \\ J_{13} & J_{23} & 0 \end{bmatrix} \tag{4-88}$$

式中，$J_{12} = \nabla H_{x_2}f_1 - \nabla H_{x_1}f_2$；$J_{13} = \nabla H_{x_3}f_1 - \nabla H_{x_1}f_2$；$J_{23} = \nabla H_{x_3}f_2 - \nabla H_{x_2}f_3$。

系统矩阵 $P(x)$ 可以分解为

$$P(x) = \frac{1}{\|\nabla H(x)\|^2}\langle f(x), \nabla H\rangle = S(x) - R(x) \tag{4-89}$$

式中，$S(x) = \begin{bmatrix} s(x) & 0 & 0 \\ 0 & s(x) & 0 \\ 0 & 0 & s(x) \end{bmatrix}$；$R(x) = \begin{bmatrix} r(x) & 0 & 0 \\ 0 & r(x) & 0 \\ 0 & 0 & r(x) \end{bmatrix}$；

$$N = \frac{1}{\|\nabla H(x)\|^2}\langle f(x), \nabla H\rangle$$

$$= \frac{1}{\|\nabla H(x)\|^2}\left(f_1 H_{x_1} + f_2 H_{x_2} + f_3 H_{x_3}\right)$$

$$= \frac{1}{\|\nabla H(x)\|^2}\left(M\frac{dq}{dt} + \frac{k_p D}{T_a e_{qh}}xe_{my} - \frac{C}{T_a e_{qh}}m_t - \frac{k_p D}{T_a e_{qh}}p_m - \frac{D}{e_{qh}}k_i x^2\right);$$

$$M = -\frac{2\pi T_y e_{mh}xy}{e_{qh}}\quad;\quad C = \pi T_y y\left(4e_{qh}e_{mx}x - 4e_{mh}e_{qh}x + 2e_{mh}q - e_{mh}e_{qy}y + e_{qh}e_{my}y\right)\quad;$$

$$D = \pi T_y\left(e_{mh}e_{qx}y - e_{qh}e_{mx}y - 2e_{mh}q + 2e_{mh}e_{qx}x + e_{mh}e_{qy}y - 2e_{qh}e_{mx}x - e_{qh}e_{my}y\right)。$$

取理想水轮机传递系数时，$M>0$，$C>0$，$D>0$，故 $r(x) = \dfrac{1}{\|\nabla H(x)\|^2}$

$\left(\dfrac{C}{T_a e_{qh}}m_t + \dfrac{k_p D}{T_a e_{qh}}p_m + \dfrac{D}{e_{qh}}k_i x^2\right)$，$s(x) = \dfrac{1}{\|\nabla H(x)\|^2}\left(M\dfrac{dq}{dt} + \dfrac{k_p D}{T_a e_{qh}}xe_{my}\right)$。

系统能量耗散可以表示为

$$\left(\frac{\partial H}{\partial x}\right)^T R(x)\frac{\partial H}{\partial x} = \frac{C}{T_a e_{qh}}m_t + \frac{k_p D}{T_a e_{qh}}p_m + \frac{D}{e_{qh}}k_i x^2 \tag{4-90}$$

式(4-90)表明系统能量耗散由机组出力、空载功耗及与转速有关的阻尼功率组成。

系统内部能量供给为

$$\left(\frac{\partial H}{\partial x}\right)^{\mathrm{T}} S(x)\frac{\partial H}{\partial x} = M\frac{\mathrm{d}q}{\mathrm{d}t} + \frac{k_{\mathrm{p}}De_{my}}{T_a e_{qh}}x \tag{4-91}$$

式(4-91)表明系统能量供给与机组流量和转速直接相关。

式(4-90)和式(4-91)中的各项能量均为广义能量，系统能量耗散和供给与实际物理系统一致且物理意义清晰。

4.4.3　哈密顿模型动态特性分析

变顶高尾水洞水电站系统基本数据如下，额定流量 Q_R=466.7m³/s，额定水头 H_R=70.7m，T_a=6s，B=10.0m，T_{ws}=3.20s，h_f=0.1m，H_x=23m，$\tan\alpha$=0.03，λ=3[37]。水轮机调节系统传递系数为 e_{mh}=1.9，e_{mx}= −0.8，e_{my}=1，e_{qh}=0.5，e_{qx}=0.5，e_{qy}=0.6，e_g=0。系统参数初值为(q, x, y)=(0, 0, 0)。

在广义哈密顿理论框架下，针对变顶高尾水洞水电站系统，构建可以描述系统动态能量变化哈密顿函数是实现瞬态能量流分析的关键[42,43]。为了验证所构建变顶高尾水洞水电站系统哈密顿函数的有效性，分别在无负荷扰动、阶跃负荷扰动和随机负荷扰动条件下，利用仿真分析瞬态过程中水轮机出力与哈密顿函数能量耦联关系。

图 4-19 为无负荷扰动和阶跃负荷扰动下水轮机出力和哈密顿函数动态响应。其中，图 4-19(a)和(b)分别为无负荷扰动和阶跃负荷扰动下水轮机出力和哈密顿函数动态响应。分析图 4-19 可知，水轮机出力在无负荷扰动情况下保持不变，其对应哈密顿函数也保持不变，说明所构建哈密顿函数在无负荷扰动情况下可反映变顶高尾水洞水电站系统稳态过程中能量变化。由于在 t=1s 时加入阶跃负荷扰动（m_g=1），哈密顿函数在 t=1s 时突然增加，并快速上升，在 t=5s 时达 4.9；水轮机出力在 1～1.4s 呈现短暂反调效应，在 1.4～3.5s 与哈密顿函数变化趋势基本一致，说明该哈密顿函数能够描述水电站系统阶跃负荷扰动下能量波动。但该哈密顿函数未能反映阶跃负荷加入后系统反调效应。

图 4-20 为随机负荷扰动下水轮机出力、哈密顿函数和明流段尾水位动态响应。其中，图 4-20(a)～(c)分别为随机负荷扰动下水轮机出力、哈密顿函数和明流段尾水位动态响应。分析图 4-20 可知，水轮机出力和哈密顿函数在随机负荷扰动下均呈现明显随机变化。水轮机出力和哈密顿函数动态响应较为相似，说明该哈密顿函数可以较好地描述变顶高尾水洞水电站系统在随机负荷扰动下瞬态量变化。由图 4-20(c)可知，水轮机出力及哈密顿函数变化趋势与明流段尾水位变化一致。随着机组负荷减小，水轮机出力减小，明流段尾水位随着系统水流流量减少而降低。另一方面，在随机负荷扰动下，哈密顿函数比水轮机出力变化更加灵敏，

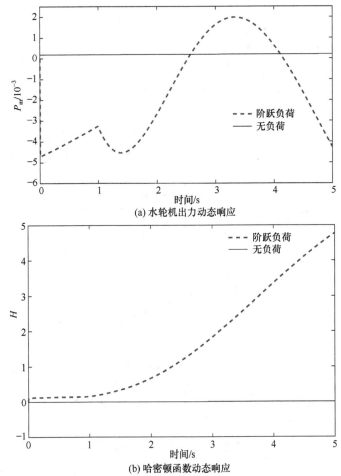

(a) 水轮机出力动态响应

(b) 哈密顿函数动态响应

图 4-19　无负荷扰动和阶跃负荷扰动下水轮机出力和哈密顿函数动态响应

说明该哈密顿函数可以更好地分析变顶高尾水洞水电站系统瞬态能量变化。

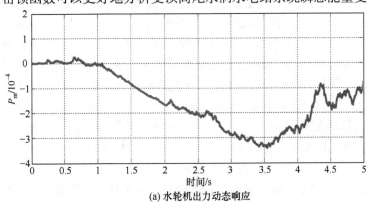

(a) 水轮机出力动态响应

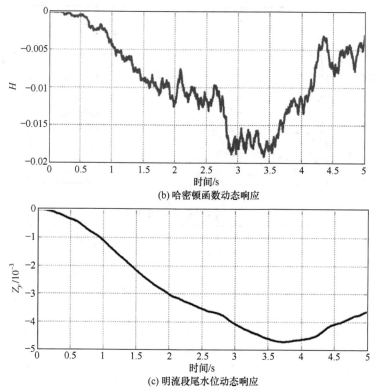

(b) 哈密顿函数动态响应

(c) 明流段尾水位动态响应

图 4-20　随机负荷扰动下水轮机出力、哈密顿函数和明流段尾水位动态响应

4.5　本 章 小 结

本章从能量产生、转换与耗散角度出发，利用正交分解实现方法，分别将突减负荷过渡过程和突增负荷过渡过程单机单管水力发电系统、一管多机(一管两机)水力发电系统和变顶高尾水洞水电站系统的非线性动力学模型，纳入广义哈密顿理论框架下，转化为相应的广义哈密顿系统模型。通过数值模拟，分析了暂态哈密顿系统运行特性，并验证了暂态哈密顿系统能量流的正确性。主要结论如下：

(1) 对于单机单管水力发电系统，水轮机哈密顿函数 H_1、发电机哈密顿函数 H_2 与其相应的水轮机出力和发电机功率具有相同的增减特性(如运动轨迹具有相同的波峰波谷)，能够很好地反映突增负荷过渡程中系统的动态信息变化情况，可以作为一个候选的 Lyapunov 函数，进一步推动系统暂态稳定理论的研究。

(2) 对于一管两机水力发电系统，支管道 1 的水轮机哈密顿函数(除最初运行阶段)随时间波动增加，而支管道 2 则逐渐减小；同时，支管道 1 与支管道 2 的发电机哈密顿函数随时间不断波动。因此，支管道 1 突增负荷导致其流量相对偏差与力矩相对偏差逐渐增大，管道水力耦合必然会影响支管道 2 的运行状态。

(3) 基于建立的变顶高尾水洞水电站系统哈密顿模型，从水电站系统整体角度揭示系统能量耗散由水轮机出力、机组空载功耗和阻尼功率组成，而且系统能量供给与流量和机组转速有正相关关系。同时在无负荷扰动、阶跃负荷扰动和随机负荷扰动下，通过数值模拟验证所选哈密顿函数可以描述水电站系统在稳态和瞬态过程中能量变化信息。

参 考 文 献

[1] 方红庆, 沈祖诒, 吴恺. 水轮机调节系统非线性扰动解耦控制[J]. 中国电机工程学报, 2004(3): 151-155.

[2] 郭文成, 杨建东, 王明疆. 基于 Hopf 分岔的变顶高尾水洞水电站水轮机调节系统稳定性研究[J]. 水利学报, 2016, 47(2):189-199.

[3] 魏守平, 卢本捷. 水轮机调速器的 PID 调节规律[J]. 水力发电学报, 2003(4): 112-118.

[4] 鲍海艳, 杨建东, 付亮. 基于微分几何的水电站过渡过程非线性控制[J]. 水利学报, 2010, 41(11):1339-1345.

[5] ZENG Y, ZHANG L X, GUO Y K, et al. Hamiltonian stabilization additional L_2 adaptive control and its application to hydro turbine generating sets[J]. International Journal of Control Automation and Systems, 2015, 13(4): 867.

[6] 曾云, 张立翔, 张成立, 等. 水力机组紧急停机过程轴系振动仿真分析[J]. 固体力学学报, 2014, 35: 115-120.

[7] ZENG Y, ZHANG LX, XU T, et al. Hamiltonian function selection principle for generalized Hamiltonian modelling[J]. Procedia Engineering, 2012, 31: 949-957.

[8] 曾云, 张立翔, 徐天茂. 弹性水击下非线性水轮机的哈密顿模型[J]. 排灌机械工程学报, 2010, 28(6): 515-520.

[9] XU B B, CHEN D Y, ZHANG H, et al. Dynamic analysis and modeling of a novel fractional-order hydro-turbine-generator unit[J]. Nonlinear Dynamics, 2015, 81(3): 1263-1274.

[10] LI H H, CHEN D Y, ZHANG H, et al. Hamiltonian analysis of a hydro-energy generation system in the transient of sudden load increasing[J]. Applied Energy, 2017, 185: 244-253.

[11] 张浩. 水轮机调节系统动力学建模与稳定性分析[D]. 杨凌: 西北农林科技大学, 2016.

[12] 刘宪林, 高慧敏. 水轮机传递系数计算方法的比较研究[J]. 郑州大学学报(工学版), 2003, 24(4): 1-5.

[13] 常近时. 水力机械装置过渡过程[M]. 北京: 高等教育出版社, 2005.

[14] ZHANG H, CHEN D, XU B, et al. Nonlinear modeling and dynamic analysis of hydro-turbine governing system in the process of load rejection transient[J]. Energy Conversion and Management, 2015, 90: 128-137.

[15] 李欢欢. 水力发电系统大波动暂态建模与动态特性研究[D]. 杨凌: 西北农林科技大学, 2018.

[16] 凌代俭, 沈祖诒. 水轮机调节系统的非线性模型、PID 控制及其 Hopf 分叉[J]. 中国电机工程学报, 2005, 25(10):97-102.

[17] ZENG Y, ZHANG L X, XU T, et al. Hamiltonian function selection principle for generalized Hamiltonian modelling[J]. Procedia Engineering, 2012, 31: 949-957.

[18] 王玉振, 程代展, 李春文. 广义 Hamilton 实现及其在电力系统中的应用[J]. 自动化学报, 2002, 28(5): 745-753.

[19] MASCHKE B, ORTEGA R, SCHAFT A J V D. Energy-based Lyapunov functions for forced Hamiltonian systems with dissipation[J]. IEEE Transactions on Automatic Control, 2002, 45(8): 1498-1502.

[20] WANG Y Z, CHENG D Z, LI C W, et al. Dissipative hamiltonian realization and energy-based L_2-disturbance attenuation control of multimachine power systems[J]. IEEE Transactions on Automatic Control, 2003, 48(8): 1428-1433.

[21] ZENG Y,ZHANG L X, XU T M, et al. Hamiltonian model of nonlinear hydraulic turbine with elastic water column[J].

Journal of Drainage and Irrigation Machinery Engineering, 2010, 28(6): 515-520, 525.

[22] 赵军科, 曹维福, 肖义平. 接力器反应时间常数计算及对不动时间的影响[J]. 水力发电学报, 2014, 33(6): 220-223, 282.

[23] 王素青, 姜维福. 基于 MATLAB/Simulink 的 PID 参数整定[J]. 自动化技术与应用, 2009, 28(3): 24-25, 28.

[24] XU B B, WANG F F, CHEN D Y, et al. Hamiltonian modeling of multi-hydro-turbine governing systems with sharing common penstock and dynamic analyses under shock load[J]. Energy Conversion and Management, 2016, 108: 478-487.

[25] 曾云, 张立翔, 钱晶, 等. 电站局部多机条件下五阶发电机哈密顿模型[J]. 中国电机工程学报, 2014, 34(3): 415-422.

[26] 许贝贝. 水力发电系统分数阶动力学模型与稳定性[D]. 杨凌: 西北农林科技大学, 2017.

[27] 曾云, 王煜, 张成立. 非线性水轮发电机组哈密顿系统研究[J]. 中国电机工程学报, 2008, 28(29): 88-92.

[28] XU B B, WANG F F, CHEN D Y, et al. Hamiltonian modeling of multi-hydro-turbine governing systems with sharing common penstock and dynamic analyses under shock load[J]. Energy Conversion and Management, 2016, 108: 478-487.

[29] 曾云, 张立翔, 钱晶, 等. 哈密顿结构修正的控制设计方法及其应用[J]. 电机与控制学报, 2014, 18(3): 93-100.

[30] XU B B, CHEN D Y, ZHANG H, et al. Dynamic analysis and modeling of a novel fractional-order hydro-turbine-generator unit[J]. Nonlinear Dynamics, 2015, 81(3): 1263-1274.

[31] 杨建东, 陈文斌. 水电站变顶高尾水洞体型研究[J]. 水利学报, 1998, 29(3): 9-12.

[32] GUO W C, YANG J D, WANG M J, et al. Nonlinear modeling and stability analysis of hydro-turbine governing system with sloping ceiling tailrace tunnel under load disturbance[J]. Energy Conversion and Management, 2015, 106: 127-138.

[33] 张辉, 胡钋. 多机共尾水调压室流道结构水轮机调节振荡研究[J]. 水利学报, 2015, 46(2): 229-238.

[34] 冯建军, 武桦, 吴广宽, 等. 偏工况下混流式水轮机压力脉动数值仿真及其改善措施研究[J]. 水利学报, 2014, 45(9): 1099-1105.

[35] 周建旭, 张健, 刘德有. 双机共变顶高尾水洞系统小波动稳定性研究[J]. 水利水电技术, 2004, 35(12):64-67.

[36] 周昆雄, 张立翔, 曾云. 机-电偶联条件下水力发电系统暂态分析[J]. 水利学报, 2015, 46(9): 1118-1127.

[37] 赖旭, 陈鉴治, 杨建东. 变顶高尾水洞水电站机组运行稳定性研究[J]. 水力发电学报, 2001(4): 102-107.

[38] 安华, 杨建东. 基于 1D-3D 耦合方法的变顶高尾水洞明满混合流的研究[J]. 水力发电学报, 2015, 34(5): 108-113.

[39] 朱文龙, 周建中, 夏鑫, 等. 基于水电机组运行工况的水轮机压力脉动诊断策略[J]. 振动与冲击, 2015, 34(8): 26-30, 40.

[40] GUO W C, YANG J D. Stability performance for primary frequency regulation of hydro-turbine governing system with surge tank[J]. Applied Mathematical Modelling, 2018, 54: 446-466.

[41] 张浩, 许贝贝, 陈帝伊. 变顶高尾水洞水轮机调节系统哈密顿模型[J]. 振动工程学报, 2018, 31(2): 145-150.

[42] 于诗歌, 曾云, 何建宇. 哈密顿系统结构因子对输出特性的敏感性分析[J]. 固体力学学报, 2016(S1): 99-106.

[43] SUN H, XIAO R F, LIU W C, et al. Analysis of s characteristics and pressure pulsations in a pump-turbine with misaligned guide vanes[J]. Journal of Fluids Engineering, 2013, 135(5): 051101.

第 5 章　水泵水轮机系统动力学建模与稳定性分析

5.1　引　　言

随着我国抽水蓄能电站装机容量和运行规模不断增大，对抽水蓄能电站中水泵水轮机系统安全稳定运行提出更高要求；而且在风电、光电等随机性、间歇性能源大规模并网情况下，抽水蓄能电站作为主要调峰电源，其水泵水轮机系统在工况快速调节和工况频繁切换过程的瞬态稳定性问题变得尤为突出[1,2]。

目前，针对水泵水轮机系统建模分析的研究已经初步取得一些成果，如曾洪涛等[3]通过引入 RBF 神经网络模型反映水泵水轮机模型特性，并利用分段建模原理建立了带长引水系统的水泵水轮机系统非线性数学模型。Zhang 等[4]采用一维输水系统与三维水泵水轮机系统耦合的方法，对模型水泵水轮机机组的瞬态失稳过程进行了数值模拟，理论分析和流型对比表明，循环轨迹主要是由瞬态流型的连续特性引起的，即水泵水轮机的瞬态特性受其先前状态的影响。Li 等[5]利用非线性广义预测控制方法，基于神经网络控制系统的瞬时线性化模型，设计了神经网络控制器并应用于水泵水轮机系统的控制问题。然而，水泵水轮机系统实际运行中受到机组负荷和水力激励随机扰动影响，很难建立能描述水泵水轮机系统瞬态特性的动力学模型。

本章探究水泵水轮机系统在随机因素影响下动力学特征和稳定性条件。首先，考虑水泵水轮机系统中压力管道弹性水击效应，建立水泵水轮机系统线性化降阶动力学模型，通过引入一组随机负荷扰动来研究 PI 控制器参数在随机负荷扰动下对水泵水轮机系统动态特性影响。其次，考虑压力管道内水流惯性随机变化，利用多项式逼近法建立水泵水轮机随机动力学模型并分析随机强度对其动力学特性的影响，在多因素共同作用下采用数值模拟分析水泵水轮机系统在飞逸工况点的稳定性变化规律，研究水流惯性随机变化及反 S 区特性曲线对系统动态特性影响，分别分析了压力管道摩阻损失、水流惯性时间常数和转动惯量时间常数对水泵水轮机飞逸工况点稳定性影响。最后，考虑不同工况点对应水泵水轮机机组在相对高、中、低水头工况运行，求出不同工况点在不同负荷增减变化时的稳定域，通过数值仿真验证结果的有效性和准确性，并探讨不同工况点和不同负荷变化对系统稳定性的影响规律，分析系统在不同区域的动力学现象。

5.2　随机负荷扰动下水泵水轮机系统动态特性

本节研究了长距离压力管道水泵水轮机系统在发电工况下受随机负荷扰动的动态响应。考虑长距离压力管道弹性水击效应，建立水泵水轮机系统动力学模型，通过引入随机负荷，分析水泵水轮机系统在随机负荷扰动下的动态特性，并揭示 PI 控制器参数对系统瞬态特性的影响规律。

5.2.1　水泵水轮机系统模型

水泵水轮机系统结构示意图如图 5-1 所示。

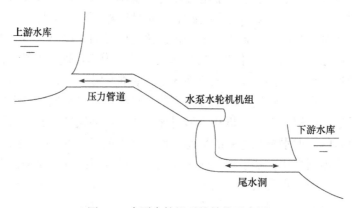

图 5-1　水泵水轮机系统结构示意图

水轮机转速与发电机功率和水轮机出力的动力学方程表示为[6]

$$T_{\mathrm{m}} \cdot \frac{\mathrm{d}x}{\mathrm{d}t} \cdot N = p_t - p_g \tag{5-1}$$

式中，$x=(N-N_0)/N_0$、$p_t=(P_t-P_{t0})/P_{t0}$、$p_g=(P_g-P_{g0})/P_{g0}$ 分别为转速、水轮机出力和发电机功率相对偏差，下标 0 表示初值；N 为机组转速，r/min；P_t 为水轮机出力，kW；P_g 为发电机功率，kW；T_{m} 为机组惯性时间常数，s。

采用 PI 控制器消除速度偏差，控制器增益表示为

$$k_{\mathrm{p}} \cdot \left(1 + k_{\mathrm{i}} \int \mathrm{d}t\right) \cdot x = y \tag{5-2}$$

式中，y 为导叶开度相对偏差；k_{p} 为 PI 控制器比例调节系数；k_{i} 为 PI 控制器积分调节系数。

对于压力管道，利用具有一个串联支路和两个电容的 Π 型单元表示，其中总

水头损失用串联支路描述，弹性水击效应用并联支路表示，压力管道 Π 型元件模型如图 5-2 所示。

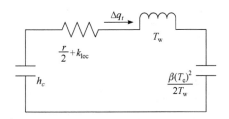

下游并联支路包含在系统动态中，因此可忽略水位波动 h_c。串联支路可以用式(5-3)表示，并联支路可以用式(5-4)描述。通过引入校正参数 β 来匹配模型动态响应[7]。

图 5-2　压力管道 Π 型元件模型示意图

$$\frac{\mathrm{d}q_t}{\mathrm{d}t} = \frac{1}{T_\mathrm{w}}\left[h_c - h - 2\left(\frac{r}{2} + k_{\mathrm{loc}}\right)q_t q_t^0\right] \tag{5-3}$$

$$\frac{\mathrm{d}h}{\mathrm{d}t} = \frac{2T_\mathrm{w}}{\beta T_\mathrm{e}^2}(q_t - q) \tag{5-4}$$

式中，q_t 为压力管道流量相对偏差；q^0 为通过水轮机的初始流量标幺值；r 为连续水头损失系数；k_{loc} 为局部水头损失系数；T_w 为压力管道水流惯性时间常数，s；T_e 为弹性水击时间常数，s；校正参数 $\beta = 8/\pi^2$。

水泵水轮机系统特征方程可以用式(5-1)～式(5-4)表示，机组线性化模型可以描述为

$$q = e_{qh}h + e_{qx}x + e_{qy}y \tag{5-5}$$

$$m_t = e_{mh}h + e_{mx}x + e_{my}y \tag{5-6}$$

$$p_t \approx n^0 m_t + m_t^0 x = n^0 e_{mh}h + \left(n^0 e_{mx} + m_t^0\right)x + n^0 e_{my}y \tag{5-7}$$

式中，x、y、h、q、m_t 分别为机组转速相对偏差、导叶开度相对偏差、水头相对偏差、流量相对偏差和力矩相对偏差；e_{my}、e_{mx}、e_{mh} 为水轮机力矩相对偏差传递系数；e_{qh}、e_{qx}、e_{qy} 为水轮机流量相对偏差传递系数；n^0 为初始单位转速标幺值。

忽略式(5-1)中二阶项可以得到

$$p_t - p_g = T_\mathrm{m} \cdot \frac{\mathrm{d}x}{\mathrm{d}t} \cdot \left(n^0 + x\right) \approx T_\mathrm{m} \cdot \frac{\mathrm{d}x}{\mathrm{d}t} n^0 \tag{5-8}$$

忽略水位波动 h_c 影响可得

$$\frac{\mathrm{d}q_t}{\mathrm{d}t} = \frac{1}{T_\mathrm{w}}\left[-h - 2\left(\frac{r}{2} + k_{\mathrm{loc}}\right)q_t^0 q_t\right] \tag{5-9}$$

式中，q_t^0 为通过水轮机的初始流量相对偏差。

综上所述，水泵水轮机系统动力学模型状态方程可以描述为

$$
\begin{cases}
\dfrac{\mathrm{d}x}{\mathrm{d}t} = \dfrac{p_t - p_g}{T_m n^0} \\[4mm]
\dfrac{\mathrm{d}q_t}{\mathrm{d}t} = -\dfrac{1}{T_w}h - \dfrac{2\left(\dfrac{r}{2}+k_{loc}\right)}{T_w}q_t^0 q_t \\[5mm]
\dfrac{\mathrm{d}q}{\mathrm{d}t} = e_{qh}\left[\dfrac{\pi^2 T_w}{4T_e^2}(q_t - q)\right] + e_{qx}\left(\dfrac{p_t - p_g}{T_m n^0}\right) + e_{qy}\left[-k_p\left(\dfrac{p_t - p_g}{T_m n^0}\right)+k_i x\right] \\[5mm]
\dfrac{\mathrm{d}h}{\mathrm{d}t} = \dfrac{\pi^2 T_w}{4T_e^2}(q_t - q) \\[4mm]
\dfrac{\mathrm{d}p_t}{\mathrm{d}t} = n^0 e_{mh}\left[\dfrac{\pi^2 T_w}{4T_e^2}(q_t - q)\right] + \left(n^0 e_{mx}+m_t^0\right)\left(\dfrac{p_t - p_g}{T_m n^0}\right) + n^0 e_{my}\left[-k_p\left(\dfrac{p_t - p_g}{T_m n^0}\right)+k_i x\right] \\[5mm]
\dfrac{\mathrm{d}y}{\mathrm{d}t} = -k_p\left(\dfrac{p_t - p_g}{T_m n^0}\right)+k_i x
\end{cases}
$$

$$(5\text{-}10)$$

5.2.2　随机负荷下系统动力学分析

基于 5.2.1 小节中水泵水轮机系统动力学模型，探究在随机负荷扰动下 PI 控制器参数对水泵水轮机系统动态特性影响规律。数值模拟采用 Runge-Kutta 法，步长为 0.1，迭代次数为 1000，系统状态变量$\left(\dfrac{\mathrm{d}x}{\mathrm{d}t}, \dfrac{\mathrm{d}q_t}{\mathrm{d}t}, \dfrac{\mathrm{d}q}{\mathrm{d}t}, \dfrac{\mathrm{d}h}{\mathrm{d}t}, \dfrac{\mathrm{d}p_t}{\mathrm{d}t}, \dfrac{\mathrm{d}y}{\mathrm{d}t}\right)$的初值为(0.001，0.001，0.001，0.001，0.001，0.001)。

水泵水轮机系统实际运行中，机组功率一直处于动态变化过程，考虑传输线路温度变化、仪器测量误差及供电拓扑结构变化等因素，电力负荷会产生随机变化。因此，通过 MATLAB 软件生成一组高斯白噪声(均值为 0，步长为 0.001)，以发电机功率随机变化来模拟电力负荷随机波动(图 5-3)。

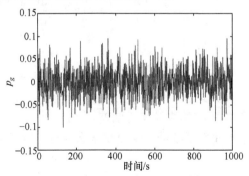

图 5-3　发电机功率随机变化动态响应

水泵水轮机系统中各系统参数和变量初值如表 5-1 所示，由系统各状态变量初值可知，系统处于额定发电工况。

表 5-1　水泵水轮机系统参数和变量初值

参数	初值	参数	初值
q^0	1.0	n^0	1.0
e_{qh}	0.5	e_{qx}	0.0
e_{mh}	1.61	e_{mx}	−1.6
h^0	1.0	y^0	1.0
e_{qy}	1.0	T_w	1.203
e_{my}	1.11	T_e	5.029

为深入分析随机负荷扰动下，PI 控制器参数对水泵水轮机系统瞬态特性影响规律。选择 PI 控制器参数为分岔参数，在随机负荷扰动下，分别利用分岔图分析水泵水轮机系统转速、机组流量和机组出力动力学响应。

图 5-4 为机组转速相对偏差在不同 PI 控制器参数下$(0 \leqslant k_i \leqslant 0.5，0 \leqslant k_p \leqslant 5)$的分岔图。由图 5-4 可知，当 PI 控制器参数 $0 \leqslant k_i \leqslant 0.5，0 \leqslant k_p \leqslant 5$ 时，机组转速相对偏差峰值在 −0.005~0.018 波动。在该区域中，k_i 对机组转速相对偏差影响较小，k_p 的增大可以减小机组转速相对偏差波动范围。

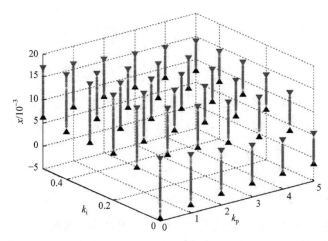

图 5-4　机组转速相对偏差在不同 PI 控制器参数下$(0 \leqslant k_i \leqslant 0.5，0 \leqslant k_p \leqslant 5)$的分岔图

图 5-5 为机组流量相对偏差在不同 PI 控制器参数下$(0 \leqslant k_i \leqslant 0.5，0 \leqslant k_p \leqslant 5)$的分岔图。分析图 5-5 可知，对于不同 PI 控制器参数，机组流量相对偏差在 −0.018~0.035 波动。与机组转速相对偏差变化规律不同，机组流量相对偏差随着 k_p 增加逐渐增大，随着 k_i 增加也呈小幅增加趋势。

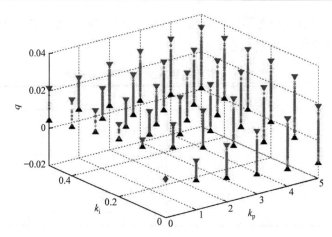

图 5-5　机组流量相对偏差在不同 PI 控制器参数下$(0 \leqslant k_i \leqslant 0.5，0 \leqslant k_p \leqslant 5)$的分岔图

图 5-6 为机组出力相对偏差在不同 PI 控制器参数下$(0 \leqslant k_i \leqslant 0.5，0 \leqslant k_p \leqslant 5)$的分岔图。由图 5-6 可知，PI 控制器参数$(k_i\text{-}k_p)$对机组出力相对偏差的影响与其对机组流量相对偏差的影响较为相似。随着控制器参数 k_i 和 k_p 增加，机组出力相对偏差波动范围均逐渐增大。

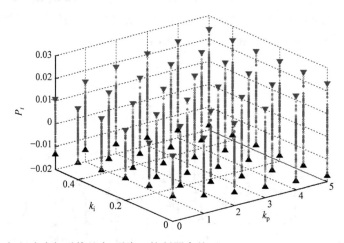

图 5-6　机组出力相对偏差在不同 PI 控制器参数下$(0 \leqslant k_i \leqslant 0.5，0 \leqslant k_p \leqslant 5)$的分岔图

　　综上所述，机组转速相对偏差、机组流量相对偏差和机组出力相对偏差动态响应表明在随机负荷扰动下，PI 控制器参数可以调整水泵水轮机系统动态特性。PI 控制器参数对机组流量相对偏差和机组出力相对偏差的影响规律较为相似，而对机组转速的影响则与之相反。

　　上述仿真应用水泵水轮机系统状态变量的分岔图集作为定性研究方法，给出了 PI 控制器参数对不同系统状态变量影响规律。为了进一步分析验证随机负荷扰动下，PI 控制器参数对水泵水轮机系统调控效果，分别选择 5 组代表性 PI 控制器参数进行动力学分析。5 组代表性 PI 控制器参数取值如表 5-2 所示。

表 5-2　PI 控制器参数取值表

PI 控制器参数	第 1 组	第 2 组	第 3 组	第 4 组	第 5 组
k_p	2.5	2.5	2.5	0.1	5
k_i	0.1	0.25	0.5	0.25	0.25

为了对比分析随机负荷扰动下 PI 控制器参数对水泵水轮机系统瞬态特性影响规律，分别在三组 PI 控制器参数下研究系统压力管道流量相对偏差、水头相对偏差和导叶开度相对偏差动态响应。

图 5-7 为随机负荷扰动下压力管道流量相对偏差在不同 PI 控制器参数(k_p-k_i)下的动态响应。由图 5-7 可知，在第 1~5 组 PI 控制器参数下，压力管道内流量相对偏差具有相似变化趋势。图 5-7(a)为压力管道流量相对偏差在不同 k_i 下(k_i=0.1，0.25，0.5)的动态响应，分析可知，管道内流量相对偏差在第 3 组 PI 控制器参数下波动最为剧烈，在 80s(迭代 800 次)左右达到最大值 0.019。此外，在第 2 组和第 3 组 PI 控制器参数下，压力管道内流量相对偏差始终大于第 1 组。仿真结果说明，在随机负荷扰动下随着 k_i 减小，压力管道内流量动态特性可以得到改善。图 5-7(b)为压力管道流量相对偏差在不同 k_p 下(k_p=0.1，2.5，5)的动态响应，分析可知，压力管道内流量相对偏差在第 4 组 PI 控制器参数下达到最大峰值，而峰值在第 2 组和第 5 组 PI 控制器参数下基本均小于第 4 组，且在第 5 组 PI 控制器参数下，管道内流量瞬态特性最为稳定。结果说明减小 k_p 对管道内流量瞬态特性是不利的。

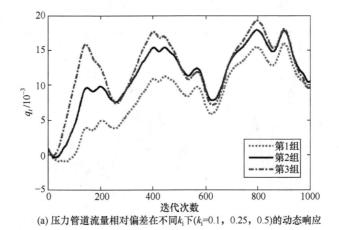

(a) 压力管道流量相对偏差在不同k_i下(k_i=0.1，0.25，0.5)的动态响应

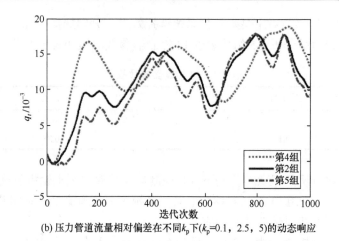

(b) 压力管道流量相对偏差在不同k_p下(k_p=0.1, 2.5, 5)的动态响应

图 5-7　随机负荷扰动下压力管道流量相对偏差在不同 PI 控制器参数下的动态响应

图 5-8 为随机负荷扰动下水头相对偏差在不同 PI 控制器参数下的动态响应。观察 5-8 可知，在随机负荷扰动下水头相对偏差波动显著。图 5-8(a)为水头相对偏差在不同 k_i 下(k_i=0.1, 0.25, 0.5)的动态响应，通过对比分析第 1 组至第 3 组不同 PI 控制器参数下水头相对偏差的动态响应可知，随着 k_i 的减小，水头相对偏差波动的范围逐渐缩小。图 5-8(b)为水头相对偏差在不同 k_p 下(k_p=0.1, 2.5, 5)的动态响应，在第 2 组、第 4 组和第 5 组 PI 控制器参数下，水头相对偏差在第 4 组时具有较好瞬态特性，结果说明随着 k_p 减小，水头相对偏差瞬态特性更加稳定。

图 5-9 为随机负荷扰动下导叶开度相对偏差在不同 PI 控制器参数(k_p-k_i)下的动态响应。分析图 5-9 可知，导叶开度相对偏差在随机负荷扰动下变化剧烈。图 5-9(a)为导叶开度在第 1 组、第 2 组和第 3 组 PI 控制器参数下动态响应，其中在第 3 组 PI 控制器参数时，导叶开度相对偏差的调控范围波动最剧烈，最大值达到 0.03；

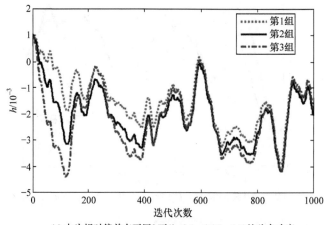

(a) 水头相对偏差在不同k_i下(k_i=0.1, 0.25, 0.5)的动态响应

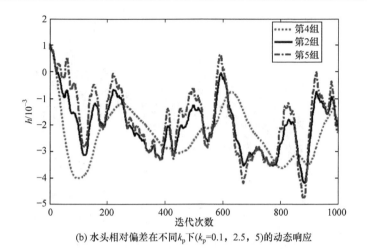

(b) 水头相对偏差在不同k_p下(k_p=0.1，2.5，5)的动态响应

图 5-8　随机负荷扰动下水头相对偏差在不同 PI 控制器参数下的动态响应

在第 1 组 PI 控制器参数下，导叶开度相对偏差调控范围最小，仿真结果表明减小参数 k_i，可以更好地在随机负荷扰动下调控水泵水轮机调节系统。图 5-9(b)为导叶开度在第 4 组、第 2 组和第 5 组 PI 控制器参数下动态响应，分析图 5-9(b)可知，在随机负荷扰动影响下，导叶开度相对偏差在第 4 组 PI 控制器参数具有最好瞬态性能，结果表明随着 k_p 减小，导叶开度相对偏差瞬态特性得到改善。

水泵水轮机系统的初始负荷对系统动态响应也有重要影响，其初始负荷可用初始流量表示。为了对比分析不同初始负荷下，水泵水轮机系统受到随机负荷扰动动态特性变化规律。分别选择部分负荷、全负荷和超负荷三种初始负荷情况，对应水泵水轮机系统初始流量相对偏差及初始负荷如表 5-3 所示。

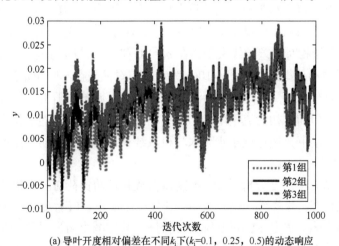

(a) 导叶开度相对偏差在不同k_i下(k_i=0.1，0.25，0.5)的动态响应

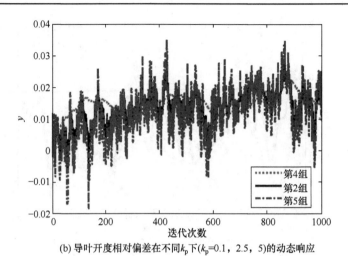

(b) 导叶开度相对偏差在不同k_p下(k_p=0.1，2.5，5)的动态响应

图 5-9　随机负荷扰动下导叶开度相对偏差在不同 PI 控制器参数下的动态响应

表 5-3　水泵水轮机系统初始流量相对偏差及初始负荷

初始流量相对偏差 q_0	初始负荷
0.5	部分负荷
1.0	全负荷
1.5	超负荷

图 5-10 为随机负荷扰动下系统参数(压力管道流量相对偏差和水头相对偏差)在不同初始流量下的动态响应。分析图 5-10 可知，水泵水轮机系统初始流量对管道内流量相对偏差和水头相对偏差瞬态特性有显著影响。图 5-10(a)为压力管道流量相对偏差在不同初始流量下(q_0=0.5，1.0，1.5)的动态响应，分析可知，当 q_0=1.5 时，管道内流量相对偏差始终大于其在 q_0=1.0 和 q_0=0.5 时的值，且流量相对偏差在 q_0=0.5 波动范围最小。图 5-10(b)为水头相对偏差在不同初始流量下(q_0=0.5，1.0，1.5)的动态响应，不同的初始流量下水头相对偏差在随机负荷扰动下具有相似变化趋势。但随着初始流量增加，水头相对偏差波动峰值逐渐减小。结果说明在随机负荷扰动下，通过减小水泵水轮机系统初始功率减小初始流量，可以改善其瞬态特性。

本节从动力学角度分析了 PI 控制器参数和初始负荷对随机负荷扰动下水泵水轮机系统瞬态特性影响。结果表明，在发电工况下，PI 控制器参数可以改善随机负荷扰动影响下水泵水轮机系统瞬态特性。其中减小 k_i 可以改善系统稳定性，而减小 k_p 对系统状态参数有不同影响规律。此外，减小初始功率也可改善随机负荷下系统瞬态特性。

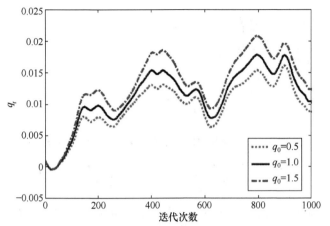

(a) 压力管道流量相对偏差在不同初始流量下(q_0=0.5，1.0，1.5)的动态响应

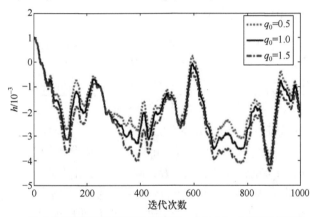

(b) 水头相对偏差在不同初始流量下(q_0=0.5，1.0，1.5)的动态响应

图 5-10　随机负荷扰动下系统参数在不同初始流量下的动态响应

5.3　水泵水轮机系统随机动力学建模与分析

本节采用切比雪夫多项式逼近方法建立水泵水轮机系统在甩负荷过渡过程随机动力学模型，研究水流惯性随机变化对水泵水轮机系统在甩负荷过渡过程动态特性的影响规律，并分析水泵水轮机系统反 S 区特性曲线对系统瞬态特性的影响。

5.3.1　水泵水轮机系统随机动力学模型

带调压室的水泵水轮机系统结构如图 5-11 所示。

将单元参数归一化，定义为[8]

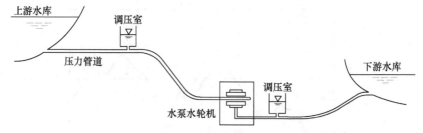

图 5-11　带调压室的水泵水轮机系统结构示意图

$$n_{\mathrm{ed}} = \frac{N_1'}{N_{1N}'}, \quad Q_{\mathrm{ed}} = \frac{Q_1'}{Q_{1N}'}, \quad M_{\mathrm{ed}} = \frac{M_1'}{M_{1N}'}, \quad H_{\mathrm{ed}} = \frac{H}{H_N} \tag{5-11}$$

式中，N_1' 为系统单位转速，r/min；Q_1' 为系统单位流量，m³/s；M_1' 为系统单位力矩，N·m；H 为水头，m；下标 N 为系统最优工况下对应参数。

系统参数相对偏差可以表示为

$$x = \frac{N - \dot{N}}{N_N} = \frac{\mathrm{d}(N)}{N_N}; \ z_s = \frac{Z_s - \dot{Z}_s}{H_N} = \frac{\mathrm{d}(Z_s)}{H_N}; \ q_1 = \frac{Q_1 - \dot{Q}_1}{Q_N} = \frac{\mathrm{d}(Q_1)}{Q_N}$$

$$q_2 = \frac{Q_2 - \dot{Q}_2}{Q_N} = \frac{\mathrm{d}(Q_2)}{Q_N}; \ h = \frac{H - \dot{H}}{H_N} = \frac{\mathrm{d}(H)}{H_N}; \ m_t = \frac{M_t - \dot{M}_t}{M_{tN}} = \frac{\mathrm{d}(M_t)}{M_{tN}} \tag{5-12}$$

式中，N 为水轮机转速，r/min；Z_s 为调压室水位，m；Q_1 为压力管道流量，m³/s；M_t 为机组力矩，N·m；Q_2 为尾水流量，m³/s；本节参数上方的 · 表示当前工况点；x、z_s、q_1、h、m_t、q_2 分别为 Z_s、Q_1、H、M_t、Q_2 的相对偏差。

定义 $a = \mathrm{d}Q_{\mathrm{ed}}/\mathrm{d}n_{\mathrm{ed}}$ 表示水泵水轮机特性曲线上任意点斜率，通过对水泵水轮机反 S 区特性曲线上任意工况点$(n_{\mathrm{ed}}, Q_{\mathrm{ed}})$进行线性化处理可得式(5-13)。

$$Q_{\mathrm{ed}} - Q_{\mathrm{ed}}' = a\left(n_{\mathrm{ed}} - n_{\mathrm{ed}}'\right) \tag{5-13}$$

对式(5-13)进行全微分可得

$$\frac{\mathrm{d}(Q_{\mathrm{ed}})}{D_1^2\sqrt{H}} - \frac{Q_{\mathrm{ed}}\mathrm{d}(H)}{2D_1^2 H\sqrt{H}} = \frac{Q_{1N}'}{N_{1N}'}\left(\frac{aD_1\mathrm{d}(N)}{\sqrt{H}} - \frac{anD_1\mathrm{d}(H)}{2H\sqrt{H}}\right) \tag{5-14}$$

式中，D_1 为转轮进口直径，m。

将式(5-14)代入式(5-11)和式(5-12)可得机组流量传递函数为

$$q_1 = ax + \frac{Q_{\mathrm{ed}} - an_{\mathrm{ed}}}{2\sqrt{H_{\mathrm{ed}}}}h \tag{5-15}$$

同样，令 $b = \mathrm{d}M_{\mathrm{ed}}/\mathrm{d}n_{\mathrm{ed}}$，对曲线上工况点$(n_{\mathrm{ed}}, M_{\mathrm{ed}})$线性化处理可得

$$M_{\mathrm{ed}} - M_{\mathrm{ed}}' = bn_{\mathrm{ed}} - bn_{\mathrm{ed}}' \tag{5-16}$$

通过全微分处理可得

$$\left(\frac{\mathrm{d}M_{\mathrm{ed}}}{D_1^3 H} - M_{\mathrm{ed}}\frac{\mathrm{d}H}{D_1^3 H^2}\right) = b\frac{M'_{1\mathrm{N}}}{N'_{1\mathrm{N}}}\left(\frac{\mathrm{d}N}{D_1\sqrt{H}} - N\frac{\mathrm{d}H}{2D_1 H\sqrt{H}}\right) \tag{5-17}$$

将式(5-17)代入式(5-11)和式(5-12)可得

$$m = b\sqrt{H_{\mathrm{ed}}}x + \left(M_{\mathrm{ed}} - b\frac{n_{\mathrm{ed}}}{2}\right)h \tag{5-18}$$

压力管道动力学方程可表示为

$$Z_{\mathrm{up}} - Z_s - H - h_{f1} = \frac{L_1}{gA_1}\frac{\mathrm{d}Q_1}{\mathrm{d}t} \tag{5-19}$$

式中，Z_{up} 为上游水位，m；Z_s 为调压室水位，m；L_1 为压力管道长度，m；A_1 为压力管道横截面积，m²，h_{f1} 为压力管道水头损失，m。

将式(5-11)和式(5-12)代入式(5-19)可得

$$h = -T_{\mathrm{w1}}\frac{\mathrm{d}q_1}{\mathrm{d}t} - K_1|Q_{\mathrm{ed}}|\sqrt{H_{\mathrm{ed}}}q_1 - z_s \tag{5-20}$$

式中，$T_{\mathrm{w1}} = \dfrac{L_1 Q_{\mathrm{N}}}{gA_1 H_{\mathrm{N}}}$；压力管道摩阻损失 $K_1 = 2f_1 D_1^4 (Q'_{1\mathrm{N}})^2$，$f_1$ 为其摩阻系数。

调压室动力学方程可以表示为

$$q_1 - q_2 = T_F\frac{\mathrm{d}z_s}{\mathrm{d}t} \tag{5-21}$$

式中，$T_F = \dfrac{H_{\mathrm{N}}F}{Q_{\mathrm{N}}}$，$F$ 表示调压室面积，m²。

水泵水轮机系统尾水洞动力学方程为[9]

$$z_s - K_2|Q_{\mathrm{ed}}|\sqrt{H_{\mathrm{ed}}}q_2 = T_{\mathrm{w2}}\frac{\mathrm{d}q_2}{\mathrm{d}t} \tag{5-22}$$

式中，$T_{\mathrm{w2}} = \dfrac{L_2 Q_{\mathrm{N}}}{gA_2 H_{\mathrm{N}}}$；尾水洞摩阻损失 $K_2 = 2f_2 D_1^4 (Q'_{1\mathrm{N}})^2$，$f_2$ 为其摩阻系数；L_2 为尾水洞长度，m；A_2 为尾水洞面积，m²。

发电机一阶方程为

$$T_a\frac{\mathrm{d}x}{\mathrm{d}t} = m_t \tag{5-23}$$

式中，T_a 为压力管道水流转动惯量时间常数；m_t 为机组力矩相对偏差。综合式(5-20)～式(5-23)可得，水泵水轮机系统矩阵模型为

$$\begin{bmatrix} \dfrac{\mathrm{d}q_1}{\mathrm{d}t} \\[2mm] \dfrac{\mathrm{d}q_2}{\mathrm{d}t} \\[2mm] \dfrac{\mathrm{d}z_s}{\mathrm{d}t} \\[2mm] \dfrac{\mathrm{d}x}{\mathrm{d}t} \end{bmatrix} = \begin{bmatrix} j_{11} & 0 & j_{13} & j_{14} \\ 0 & j_{22} & j_{23} & 0 \\ j_{31} & j_{32} & 0 & 0 \\ j_{41} & 0 & 0 & j_{44} \end{bmatrix} \begin{bmatrix} q_1 \\ q_2 \\ z_s \\ x \end{bmatrix} \tag{5-24}$$

式中，$j_{11} = -\dfrac{K_1 |Q_{\mathrm{ed}}| \sqrt{H_{\mathrm{ed}}}}{T_{\mathrm{w1}}} - \dfrac{2\sqrt{H_{\mathrm{ed}}}}{\left(Q_{\mathrm{ed}} - \dfrac{\mathrm{d}Q_{\mathrm{ed}}}{\mathrm{d}n_{\mathrm{ed}}} n_{\mathrm{ed}}\right) T_{\mathrm{w1}}}$; $j_{13} = -\dfrac{1}{T_{\mathrm{w1}}}$; $j_{14} =$

$\dfrac{2\sqrt{H_{\mathrm{ed}}} \dfrac{\mathrm{d}Q_{\mathrm{ed}}}{\mathrm{d}n_{\mathrm{ed}}}}{T_{\mathrm{w1}}\left(Q_{\mathrm{ed}} - n_{\mathrm{ed}} \dfrac{\mathrm{d}Q_{\mathrm{ed}}}{\mathrm{d}n_{\mathrm{ed}}}\right)}$; $j_{22} = -\dfrac{K_2 |Q_{\mathrm{ed}}| \sqrt{H_{\mathrm{ed}}}}{T_{\mathrm{w2}}}$; $j_{23} = \dfrac{1}{T_{\mathrm{w2}}}$; $j_{31} = \dfrac{1}{T_F}$; $j_{32} = -\dfrac{1}{T_F}$;

$j_{41} = \sqrt{H_{\mathrm{ed}}} \dfrac{2M_{\mathrm{ed}} - n_{\mathrm{ed}} \dfrac{\mathrm{d}M_{\mathrm{ed}}}{\mathrm{d}n_{\mathrm{ed}}}}{T_a\left(Q_{\mathrm{ed}} - n_{\mathrm{ed}} \dfrac{\mathrm{d}Q_{\mathrm{ed}}}{\mathrm{d}n_{\mathrm{ed}}}\right)}$; $j_{44} = \dfrac{\sqrt{H_{\mathrm{ed}}}}{T_a} \dfrac{Q_{\mathrm{ed}} \dfrac{\mathrm{d}M_{\mathrm{ed}}}{\mathrm{d}n_{\mathrm{ed}}} - 2M_{\mathrm{ed}} \dfrac{\mathrm{d}Q_{\mathrm{ed}}}{\mathrm{d}n_{\mathrm{ed}}}}{Q_{\mathrm{ed}} - n_{\mathrm{ed}} \dfrac{\mathrm{d}Q_{\mathrm{ed}}}{\mathrm{d}n_{\mathrm{ed}}}}$ 。

水泵水轮机系统压力管道内由于水流突变而产生压力波，这种现象称为水锤效应[10]。对于具有较长压力管道的水泵水轮机系统，水锤效应更为明显。当水泵水轮机甩负荷且接力器故障(导叶制动)进入反 S 区(包括水轮机工况、制动工况、反水泵工况)时，压力管道内水流惯性将产生随机变化。

假设随机变量 $c=1/T_\mathrm{w}$ 可以反映压力管道水流惯性随机变化，T_w 可以表示为

$$T_\mathrm{w} = \frac{L_1 Q_\mathrm{N}}{g A_1 H_\mathrm{N}} \tag{5-25}$$

式中，L_1 为压力管道长度，m；A_1 为压力管道横截面积，m^2。通过引入随机参数 u 到随机变量 c 中来反映压力管道随机变化规律，其中随机参数 u 满足如下概率密度函数[11]。

$$p(u) = \begin{cases} \dfrac{2}{\pi}\sqrt{1-u^2}, & (|u| \leqslant 1) \\[2mm] 0, & (|u| > 1) \end{cases} \tag{5-26}$$

随机参数 u 的概率密度函数如图 5-12 所示。

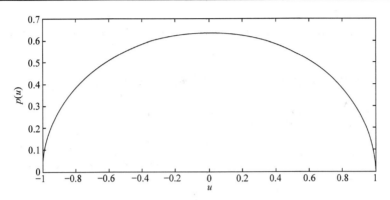

图 5-12　随机参数 u 概率密度函数

因此，随机变量 c 为

$$c = \overline{c} + Du \tag{5-27}$$

式中，$\overline{c}$ 和 D 分别为随机变量均值和随机强度。

基于随机密度函数 $p(u)$，下面采用切比雪夫多项式逼近方法将随机水泵水轮机系统转化为确定性水泵水轮机系统。切比雪夫多项式近似表示为

$$U_n(u) = \sum_{k=0}^{\frac{n}{2}} \frac{(-1)^k (n-k)!}{k!(n-2k)!} (2u)^{n-2k} \tag{5-28}$$

其递归关系表示为

$$nU_n(u) = \frac{1}{2}\left[U_{n-1}(u) + U_{n+1}(u)\right] \tag{5-29}$$

此外，其近似性质可以描述为

$$\int_{-1}^{1} \frac{2}{\pi}\sqrt{1-u^2}\,U_i(u)U_j(u)\mathrm{d}u = \begin{cases} 1, & i=j \\ 0, & i \neq j \end{cases} \tag{5-30}$$

基于上述分析和正交多项式近似理论，式(5-24)动态参数可以表示为

$$\begin{cases} q_1(t,u) = \displaystyle\sum_{i=0}^{N} q_{1(i)}(t)U_i(u) \\[2mm] q_2(t,u) = \displaystyle\sum_{i=0}^{N} q_{2(i)}(t)U_i(u) \\[2mm] z_s(t,u) = \displaystyle\sum_{i=0}^{N} z_{s(i)}(t)U_i(u) \\[2mm] x(t,u) = \displaystyle\sum_{i=0}^{N} x_{(i)}(t)U_i(u) \end{cases} \tag{5-31}$$

式中，N 是切比雪夫多项式的最大个数；$q_{1(i)}(t) = \displaystyle\int_{-1}^{+1} p(u)q_1(t,u)U_i(u)\mathrm{d}u$；

$$q_{2(i)}(t) = \int_{-1}^{+1} p(u)q_2(t,u)U_i(u)\mathrm{d}u \;;\quad z_{s(i)}(t) = \int_{-1}^{+1} p(u)z_s(t,u)U_i(u)\mathrm{d}u \;;\quad x_i(t) = \int_{-1}^{+1} p(u)$$
$$x(t,u)U_i(u)\mathrm{d}u \;。$$

将式(5-31)代入式(5-24)，随机水泵水轮机系统状态方程表示为

$$\begin{cases} \dfrac{\mathrm{d}}{\mathrm{d}t}\left[\displaystyle\sum_{i=0}^{N} q_{1(i)}(t)U_i(u)\right] = \dfrac{1}{T_{w1}}\left[j'_{14}\left(\displaystyle\sum_{i=0}^{N} x_{(i)}(t)U_i(u)\right)\right. \\ \qquad\qquad\qquad\qquad\qquad\qquad \left. -\left(\displaystyle\sum_{i=0}^{N} z_{s(i)}(t)U_i(u)\right) - j'_{11}\left(\displaystyle\sum_{i=0}^{N} q_{1(i)}(t)U_i(u)\right)\right] \\ \dfrac{\mathrm{d}}{\mathrm{d}t}\left[\displaystyle\sum_{i=0}^{N} q_{2(i)}(t)U_i(u)\right] = j_{22}\left(\displaystyle\sum_{i=0}^{N} q_{2(i)}(t)U_i(u)\right) + j_{23}\left(\displaystyle\sum_{i=0}^{N} z_{s(i)}(t)U_i(u)\right) \\ \dfrac{\mathrm{d}}{\mathrm{d}t}\left[\displaystyle\sum_{i=0}^{N} z_{s(i)}(t)U_i(u)\right] = j_{31}\left(\displaystyle\sum_{i=0}^{N} q_{1(i)}(t)U_i(u)\right) + j_{32}\left(\displaystyle\sum_{i=0}^{N} q_{2(i)}(t)U_i(u)\right) \\ \dfrac{\mathrm{d}}{\mathrm{d}t}\left[\displaystyle\sum_{i=0}^{N} x_{(i)}(t)U_i(u)\right] = j_{41}\left(\displaystyle\sum_{i=0}^{N} q_{1(i)}(t)U_i(u)\right) + j_{44}\left(\displaystyle\sum_{i=0}^{N} x_{(i)}(t)U_i(u)\right) \end{cases} \quad (5\text{-}32)$$

式中，$\dfrac{1}{T_{w1}} = (\bar{c} + Du)$；$j'_{11} = -K_1\left|Q_{ed}\right|\sqrt{H_{ed}} - \dfrac{2\sqrt{H_{ed}}}{\left(Q_{ed} - \dfrac{\mathrm{d}Q_{ed}}{\mathrm{d}n_{ed}} n_{ed}\right)}$；

$$j'_{14} = \dfrac{2\sqrt{H_{ed}}\dfrac{\mathrm{d}Q_{ed}}{\mathrm{d}n_{ed}}}{\left(Q_{ed} - n_{ed}\dfrac{\mathrm{d}Q_{ed}}{\mathrm{d}n_{ed}}\right)} 。$$

式(5-32)中非线性项$\left[\displaystyle\sum_{i=0}^{N} x_{(i)}(t)U_i(u)\right]$，$\left[\displaystyle\sum_{i=0}^{N} z_{s(i)}(t)U_i(u)\right]$和$\left[\displaystyle\sum_{i=0}^{N} q_{1(i)}(t)U_i(u)\right]$可

表示为

$$\begin{cases} \left[\displaystyle\sum_{i=0}^{N} x_{(i)}(t)U_i(u)\right] = C_{x_0}(t)U_0(u) + \cdots + C_{x_N}(t)U_N(u) = \displaystyle\sum_{i=0}^{N} C_{x_i}(t)U_i(u) \\ \left[\displaystyle\sum_{i=0}^{N} z_{s(i)}(t)U_i(u)\right] = C_{z_{s(i)}}(t)U_0(u) + \cdots + C_{z_{s(N)}}(t)U_N(u) = \displaystyle\sum_{i=0}^{N} C_{z_{s(i)}}(t)U_i(u) \\ \left[\displaystyle\sum_{i=0}^{N} q_{1(i)}(t)U_i(u)\right] = C_{q_{1(i)}}(t)U_0(u) + \cdots + C_{q_{1(N)}}(t)U_N(u) = \displaystyle\sum_{i=0}^{N} C_{q_{1(i)}}(t)U_i(u) \end{cases} \quad (5\text{-}33)$$

此外，$Du\left[\displaystyle\sum_{i=0}^{N} x_i(t)U_i(u)\right]$，$Du\left[\displaystyle\sum_{i=0}^{N} z_{s(i)}(t)U_i(u)\right]$和$Du\left[\displaystyle\sum_{i=0}^{N} q_{1(i)}(t)U_i(u)\right]$可以简

化为

$$
\begin{cases}
Du\left[\displaystyle\sum_{i=0}^{N} x_i(t)U_i(u)\right] = D\left[u\displaystyle\sum_{i=0}^{N} C_{x(i)}(t)U_i(u)\right] \\
\qquad\qquad = \dfrac{1}{2}D\displaystyle\sum_{i=0}^{N} C_{x(i)}(t)[U_{i-1}(u)+U_{i+1}(u)] \\
\qquad\qquad = \dfrac{1}{2}D\displaystyle\sum_{i=0}^{N}\left[C_{x(i-1)}(t)+C_{x(i+1)}(t)\right]U_i(u) \\[4pt]
Du\left[\displaystyle\sum_{i=0}^{N} z_{s(i)}(t)U_i(u)\right] = D\left[u\displaystyle\sum_{i=0}^{N} C_{z_s(i)}(t)U_i(u)\right] \\
\qquad\qquad = \dfrac{1}{2}D\displaystyle\sum_{i=0}^{N} C_{z_s(i)}(t)[U_{i-1}(u)+U_{i+1}(u)] \\
\qquad\qquad = \dfrac{1}{2}D\displaystyle\sum_{i=0}^{N}\left[C_{z_s(i-1)}(t)+C_{z_s(i+1)}(t)\right]U_i(u) \\[4pt]
Du\left[\displaystyle\sum_{i=0}^{N} q_{1(i)}(t)U_i(u)\right] = D\left[u\displaystyle\sum_{i=0}^{N} C_{q_1(i)}(t)U_i(u)\right] \\
\qquad\qquad = \dfrac{1}{2}D\displaystyle\sum_{i=0}^{N} C_{q_1(i)}(t)[U_{i-1}(u)+U_{i+1}(u)] \\
\qquad\qquad = \dfrac{1}{2}D\displaystyle\sum_{i=0}^{N}\left[C_{q_1(i-1)}(t)+C_{q_1(i+1)}(t)\right]U_i(u)
\end{cases} \tag{5-34}
$$

式中，$C_{x(i-1)}=0$；$C_{z_s(i-1)}=0$；$C_{q_1(i-1)}=0$；$C_{x(N+1)}=0$；$C_{z_s(N+1)}=0$；$C_{q_1(N+1)}=0$。

基于上述分析，随机水泵水轮机系统状态方程可以表示为

$$
\begin{cases}
\dfrac{\mathrm{d}}{\mathrm{d}t}\left[\displaystyle\sum_{i=0}^{N} q_{1(i)}(t)U_i(u)\right] = \bar{c}\left\{ j_{14}'\left[\displaystyle\sum_{i=0}^{N} C_{x(i)}(t)U_i(u)\right]\right. \\
\qquad\qquad -\left[\displaystyle\sum_{i=0}^{N} C_{z_s(i)}(t)U_i(u)\right] - j_{11}'\left[\displaystyle\sum_{i=0}^{N} C_{q_1(i)}(t)U_i(u)\right]\Bigg\} \\
\qquad\qquad +\dfrac{1}{2}D\left\{ j_{14}'\displaystyle\sum_{i=0}^{N}\left[C_{x(i-1)}(t)+C_{x(i+1)}(t)\right]U_i(u)\right. \\
\qquad\qquad -\displaystyle\sum_{i=0}^{N}\left[C_{z_s(i-1)}(t)+C_{z_s(i+1)}(t)\right]U_i(u) \\
\qquad\qquad \left. -j_{11}'\displaystyle\sum_{i=0}^{N}\left[C_{q_1(i-1)}(t)+C_{q_1(i+1)}(t)\right]U_i(u)\right\} \\
\dfrac{\mathrm{d}}{\mathrm{d}t}\left[\displaystyle\sum_{i=0}^{N} q_{2(i)}(t)U_i(u)\right] = j_{22}\left[\displaystyle\sum_{i=0}^{N} q_{2(i)}(t)U_i(u)\right] + j_{23}\left[\displaystyle\sum_{i=0}^{N} z_{s(i)}(t)U_i(u)\right]
\end{cases} \tag{5-35}
$$

$$\left| \begin{array}{l} \dfrac{\mathrm{d}}{\mathrm{d}t}\left[\displaystyle\sum_{i=0}^{N} z_{s(i)}(t)U_i(u)\right] = j_{31}\left[\displaystyle\sum_{i=0}^{N} q_{1(i)}(t)U_i(u)\right] + j_{32}\left[\displaystyle\sum_{i=0}^{N} q_{2(i)}(t)U_i(u)\right] \\[3mm] \dfrac{\mathrm{d}}{\mathrm{d}t}\left[\displaystyle\sum_{i=0}^{N} x_{(i)}(t)U_i(u)\right] = j_{41}\left[\displaystyle\sum_{i=0}^{N} q_{1(i)}(t)U_i(u)\right] + j_{44}\left[\displaystyle\sum_{i=0}^{N} x_{(i)}(t)U_i(u)\right] \end{array} \right.$$

当 N 趋于无穷大时，式(5-35)与式(5-24)等价。当 N 是一个有限值时，式(5-35)是式(5-24)的近似表达形式。对式(5-35)两边取随机变量数学期望并设 $i=0$，1，2，3，4。随机水泵水轮机系统模型可以表示为

$$\begin{cases} \dfrac{\mathrm{d}}{\mathrm{d}t}q_{10} = \overline{c}\left[j'_{14}C_{x(0)} - C_{z_s(0)} - j'_{11}C_{q_1(0)}\right] + \dfrac{1}{2}D\left[j'_{14}C_{x(1)} - C_{z_s(1)} - j'_{11}C_{q_1(1)}\right] \\[2mm] \dfrac{\mathrm{d}}{\mathrm{d}t}q_{20} = j_{22}q_{2(0)} + j_{23}z_{s(0)} \\[2mm] \dfrac{\mathrm{d}}{\mathrm{d}t}z_{s0} = j_{31}q_{1(0)} + j_{32}q_{2(0)} \\[2mm] \dfrac{\mathrm{d}}{\mathrm{d}t}x_0 = j_{41}q_{1(0)} + j_{44}x_{(0)} \end{cases}$$

$$\cdots\cdots$$

$$\begin{cases} \dfrac{\mathrm{d}}{\mathrm{d}t}q_{14} = \overline{c}\left[j'_{14}C_{x(4)} - C_{z_s(4)} - j'_{11}C_{q_1(4)}\right] \\[2mm] \qquad\quad + \dfrac{1}{2}D\left[j'_{14}\left(C_{x(3)} + C_{x(5)}\right) - \left(C_{z_s(3)} + C_{z_s(5)}\right) - j'_{11}\left(C_{q_1(3)} + C_{q_1(5)}\right)\right] \\[2mm] \dfrac{\mathrm{d}}{\mathrm{d}t}q_{24} = j_{22}q_{2(4)} + j_{23}z_{s(4)} \\[2mm] \dfrac{\mathrm{d}}{\mathrm{d}t}z_{s4} = j_{31}q_{1(4)} + j_{32}q_{2(4)} \\[2mm] \dfrac{\mathrm{d}}{\mathrm{d}t}x_4 = j_{41}q_{1(4)} + j_{44}x_{(4)} \end{cases}$$

$$(5\text{-}36)$$

因此，随机水泵水轮机系统近似响应为

$$\begin{cases} q_1(t,u) = \displaystyle\sum_{i=0}^{4} q_{1(i)}(t)U_i(u) \\[3mm] q_2(t,u) = \displaystyle\sum_{i=0}^{4} q_{2(i)}(t)U_i(u) \\[3mm] z_s(t,u) = \displaystyle\sum_{i=0}^{4} z_{s(i)}(t)U_i(u) \\[3mm] x(t,u) = \displaystyle\sum_{i=0}^{4} x(t)U_i(u) \end{cases} \qquad (5\text{-}37)$$

其平均响应可以描述为

$$
\begin{cases}
E[q_1(t,u)] = \displaystyle\sum_{i=0}^{4} q_{1(i)}(t)E[U_i(u)] = q_{10}(t) \\[2mm]
E[q_2(t,u)] = \displaystyle\sum_{i=0}^{4} q_{2(i)}(t)E[U_i(u)] = q_{20}(t) \\[2mm]
E[z_s(t,u)] = \displaystyle\sum_{i=0}^{4} z_{s(i)}(t)E[U_i(u)] = z_{s0}(t,u) \\[2mm]
E[x(t,u)] = \displaystyle\sum_{i=0}^{4} x(t)E[U_i(u)] = x_0(t,u)
\end{cases}
\tag{5-38}
$$

5.3.2　水泵水轮机系统动态相对参数

水泵水轮机转速、流量、力矩相对参数分别是 n_{ed}，Q_{ed} 和 M_{ed}。当相对参数为定值时，水泵水轮机系统模型只能描述系统在某一工况点瞬态特性。当水泵水轮机系统甩负荷且接力器故障进入反 S 区时，特别是在制动工况过程中系统瞬态特性复杂。因此，在制动工况过渡过程中所有工况点都需要深入研究分析。下面通过引入水泵水轮机系统动态相对参数尝试分析系统在制动工况过程中瞬态特性及其演化规律。

本小节研究水泵水轮机系统在甩负荷且接力器故障情况下进入反 S 区，水泵水轮机反 S 区特性曲线如图 5-13 所示。

由图 5-13 可知，在制动工况过程中，n_{ed} 在 1.15～1.25 变化。Q_{ed} 和 M_{ed} 在 0～0.5 和 –0.3～0 变化。在制动工况过程中为了简化计算，假设 $dQ_{ed}/dn_{ed}=4$、$dM_{ed}/dn_{ed}=5$。

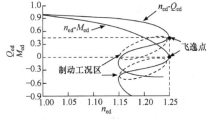

图 5-13　水泵水轮机反 S 区特性曲线

基于水泵水轮机在制动工况的特性曲线，假设 n_{ed} 的表达式为

$$
n_{ed} = 1.2 + 0.05\cos\left(\frac{4}{5}\pi t\right)
\tag{5-39}
$$

在制动工况过程中，假设 Q_{ed}，M_{ed} 和 n_{ed} 的关系表达式可以表示为

$$
\begin{cases}
Q_{ed} = f_1(n_{ed}(t)) \\
M_{ed} = f_2(n_{ed}(t))
\end{cases}
\tag{5-40}
$$

采用数值拟合可以获得 Q_{ed}，M_{ed} 和 n_{ed} 的表达式为

$$\begin{cases} Q_{\mathrm{ed}} = 5n_{\mathrm{ed}}(t) - 5.783 \\ M_{\mathrm{ed}} = 3n_{\mathrm{ed}}(t) - 3.75 \end{cases} \tag{5-41}$$

将式(5-39)和式(5-41)代入式(5-36)中可以获得水泵水轮机系统在制动工况过程中的随机动力学模型。下面利用数值仿真分析随机强度对系统动力学行为影响规律。

5.3.3　水泵水轮机系统随机动力学分析

本小节研究水泵水轮机系统在甩负荷且导叶拒动情况下进入制动工况的瞬态特性。首先，研究压力管道水流惯性随机变化对水泵水轮机系统动力学特性影响。其次，研究不同随机强度下水泵水轮机系统状态变量演化规律。最后，给出水泵水轮机系统制动工况中特征曲线斜率对其稳定性影响。进行仿真的水泵水轮机系统模型包括长距离压力管道、调压室、水泵水轮机和尾水洞。在 MATLAB 软件中采用龙格库塔法进行仿真分析，水泵水轮机系统参数及其取值如表 5-4 所示。

表 5-4　水泵水轮机系统参数及其取值

部件	参数	取值
压力管道	K_1	0.5
	$T_{\mathrm{w}1}$	1
调压室	T_F	0.1
水泵水轮机	T_a	5
	H_{ed}	1
尾水洞	K_2	0.3
	$T_{\mathrm{w}2}$	0.6

为了深入分析压力管道水流惯性随机变化对水泵水轮机系统甩负荷过程制动工况区瞬态特性影响规律，选择随机强度作为分岔参数分别对压力管道流量、尾水流量、调压室水位和转速进行动态响应分析。

图 5-14 为水泵水轮机系统(压力管道流量相对偏差、尾水流量相对偏差、调压室水位相对偏差和转速相对偏差)在不同随机强度下的动态响应。当随机强度 $D=0.32$ 时，系统各状态变量处于临界稳定状态(对应图 5-14 中临界区)。随着压力管道水流惯性随机强度增加，水泵水轮机系统各状态变量逐渐趋于失稳状态(对应图 5-14 中失稳区)。分析图 5-14 可知，压力管道流量相对偏差和尾水流量相对偏差变化趋势相似，当随机强度 $D=0.32$ 时，压力管道流量相对偏差临界值达到 0.005 而尾水流量相对偏差临界值达到 0.02。仿真结果说明，与压力管道流量相比，压力管道水流惯性随机强度的增加对尾水流量影响更加显著。分析图 5-14(c)可知，

调压室内水位相对偏差临界值与尾水流量相对偏差临界值较为接近，随着随机强度继续增加，调压室内水位波动更加剧烈。图 5-14(d)中，转速相对偏差随着随机强度增加表现出更加丰富动力学现象，特别是当随机强度 $D>0.32$ 时，转速呈现出周期发散运动。

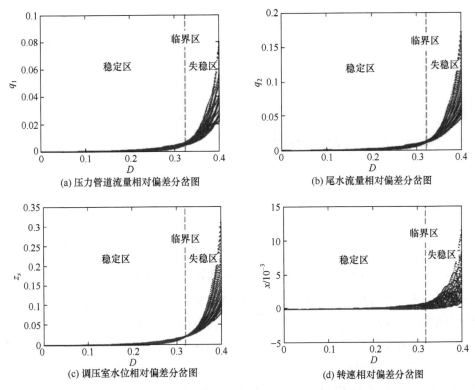

图 5-14　水泵水轮机系统在不同随机强度下的动态响应

为了进一步分析压力管道水流惯性随机变化对水泵水轮机系统在甩负荷过程制动工况下动力学行为的影响，在随机强度为 0、0.2 和 0.3 情况下，分别对系统压力管道流量相对偏差、尾水流量相对偏差、调压室水位相对偏差和转速相对偏差动态响应进行分析。

图 5-15 为制动工况区水泵水轮机系统变量(压力管道流量相对偏差、尾水流量相对偏差、调压室水位相对偏差和转速相对偏差)在不同随机强度下动态响应。分析图 5-15 可知，当随机强度 $D=0$ 时，系统各状态变量均处于稳定状态。当随机强度增加到 $D=0.2$ 时，系统各状态变量仍趋于稳定状态，振幅出现小幅增加。当随机强度增加到 $D=0.3$ 时，系统各状态变量均不稳定，说明此时水泵水轮机系统处于失稳状态。值得注意的是，机组转速相对偏差在随机强度增加的过程中逐渐表现出更加丰富的动力学行为。

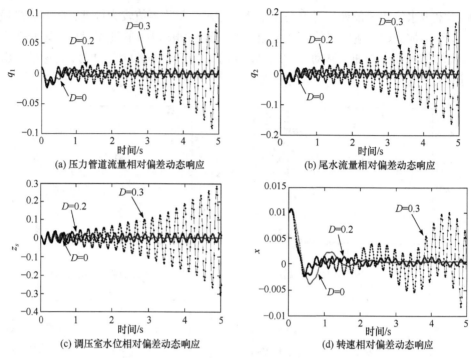

图 5-15　制动工况区水泵水轮机系统变量在不同随机强度下的动态响应

　　水泵水轮机特性曲线斜率对系统稳定性有重要影响[12]。为了分析水泵水轮机特性曲线(n_{ed}-M_{ed}，n_{ed}-Q_{ed})对系统制动工况稳定性影响，选择特性曲线斜率为分岔参数，利用分岔图分析系统压力管道流量相对偏差、尾水流量相对偏差、调压室水位相对偏差和转速相对偏差动态响应。假设水泵水轮机在制动工况下特性曲线的斜率取值范围为 $3 \leqslant \mathrm{d}Q_{ed}/\mathrm{d}n_{ed} \leqslant 5$，$2 \leqslant \mathrm{d}M_{ed}/\mathrm{d}n_{ed} \leqslant 4$。

　　图 5-16 为水泵水轮机系统变量(压力管道流量相对偏差、尾水流量相对偏差、调压室水位相对偏差和转速相对偏差)在不同特性曲线斜率下的分岔图。仿真结果表明，水泵水轮机特性曲线斜率对系统稳定性有明显影响，特别是特性曲线 n_{ed}-Q_{ed} 的斜率影响较为显著。

　　图 5-16(a)中，压力管道流量相对偏差波动范围随着特性曲线 n_{ed}-M_{ed} 斜率的增加而增大，而特性曲线 n_{ed}-Q_{ed} 斜率的增加会使管道内流量相对偏差波动范围缩小。综合对比分析图 5-16(b)、图 5-16(c)和图 5-16(d)可知，尾水流量相对偏差、调压室水位相对偏差和机组转速相对偏差在不同特性曲线斜率的影响下，呈现出与压力管道流量相对偏差相似的变化趋势，值得注意的是当特性曲线 n_{ed}-M_{ed} 的斜率增加到 3 时，系统状态变量的相对偏差波动范围均出现大幅增加。仿真结果表明在制动工况下，水泵水轮机特性曲线斜率对系统各个状态变量具有相似的影响

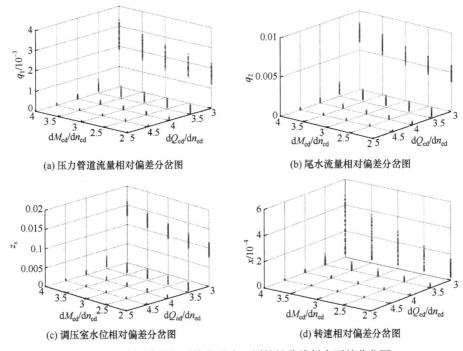

(a) 压力管道流量相对偏差分岔图　　　　　　　(b) 尾水流量相对偏差分岔图

(c) 调压室水位相对偏差分岔图　　　　　　　(d) 转速相对偏差分岔图

图 5-16　水泵水轮机系统变量在不同特性曲线斜率下的分岔图

规律，即随着特性曲线 n_{ed}-M_{ed} 斜率的增加，水泵水轮机系统状态变量波动范围逐渐增加，而特性曲线 n_{ed}-Q_{ed} 的增加使系统状态变量变化范围减小。

本小节通过水泵水轮机系统在制动工况下的随机动力学模型，在甩负荷且导叶拒动过程中，从动力学角度分析了压力管道内水流惯性随机变化对水泵水轮机系统动态特性影响。仿真结果表明当随机强度 $0 \leqslant D < 0.32$ 时，系统是趋于稳定的，当随机强度 $D = 0.32$ 时，系统处于临界稳定状态；当随机强度 $D > 0.32$ 时，系统处于失稳状态。在随机性强度增加的过程中，机组转速表现出更加丰富的动力学现象。分析水泵水轮机系统在特性曲线斜率的分岔图可知，特性曲线 n_{ed}-Q_{ed} 斜率增加或特性曲线 n_{ed}-M_{ed} 斜率减小均可改善水泵水轮机系统在制动工况的稳定性。

5.3.4　飞逸工况点稳定性分析

当水泵水轮机系统甩负荷且接力器故障时，系统运行工况点会随着等开度线向下运行至飞逸工况点。若水泵水轮机系统可以在飞逸工况点稳定下来，系统运行参数会在该点小幅振荡并稳定在飞逸工况点。反之，系统运行参数会出现持续振荡现象[13-15]。因此，有必要对系统飞逸工况点稳定性进行深入分析。

　　分析特性曲线对飞逸工况点稳定性的影响，水泵水轮机系统特性曲线在飞逸工况的斜率有两种不同形式，且一般情况下斜率 dM_{ed}/dn_{ed} 和 dQ_{ed}/dn_{ed} 具有同号性，飞逸工况点特性曲线斜率如图 5-17 所示。

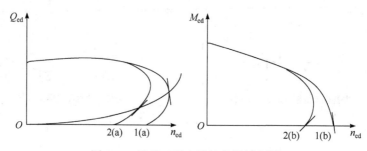

图 5-17　飞逸工况点特性曲线斜率[16]

　　图 5-17 中 1(a)和 2(a)表示特性曲线 n_{ed}-Q_{ed}，1(b)和 2(b)表示特性曲线 n_{ed}-M_{ed}。一般低水头高比转速水泵水轮机特性曲线如图 5-17 中 1(a)和 1(b)所示，在反 S 区具有较好稳定性，高水头低比转速水泵水轮机在反 S 区稳定性差，如图 5-17 中 2(a)和 2(b)组合特性曲线。

　　为了分析水泵水轮机特性曲线斜率对水泵水轮机系统在飞逸工况点稳定性的影响，取特性曲线斜率为分岔参数，飞逸工况点参数设置为 M_{ed}=0，Q_{ed}=0.45，n_{ed}=1.23，H_{ed}=1，分析系统转速在不同特性曲线斜率下的动态响应。

　　图 5-18 为飞逸工况点处特性曲线斜率为分岔参数的转速相对偏差分岔图，仿真结果表明不同特性曲线形式下，特性曲线斜率对转速均有显著影响。图 5-18(a)为水泵水轮机特性曲线斜率同为负值时（$-5 \leqslant dM_{ed}/dn_{ed} \leqslant -1$，$-5 \leqslant dQ_{ed}/dn_{ed} \leqslant -1$）转速相对偏差的分岔图。仿真结果表明转速相对偏差整体比较稳定，随着特性曲线斜率减小，转速波动出现上升趋势。当水泵水轮机特性曲线斜率同为负值对应为低水头高比转速水泵水轮机，在反 S 区比较稳定，说明该仿真结果较为可靠，且低水头高比转速水泵水轮机系统在飞逸工况点特性曲线斜率的减小会导致系统稳定性变差。图 5-18(b)为当水泵水轮机特性曲线斜率同为正值时（$1 \leqslant dM_{ed}/dn_{ed} \leqslant 5$，$1 \leqslant dQ_{ed}/dn_{ed} \leqslant 5$）转速相对偏差的分岔图。水泵水轮机转速相对偏差随着特性曲线斜率的增加出现大幅波动。当水泵水轮机特性曲线斜率同为正值时，随着特性曲线斜率增大，系统在飞逸工况点稳定性减弱。由于水泵水轮机特性曲线斜率同为正值对应为高水头低比转速水泵水轮机，这种水泵水轮机在反 S 区一般处于失稳状态，说明该仿真结果较为准确。

　　水泵水轮机系统在飞逸工况点稳定性还受到摩阻损失、压力管道水流惯性及转动惯量影响。由式(5-20)可知，水泵水轮机系统摩阻损失可以用 K_1 表示，压力管道惯性时间常数为(T_{w1})，转动惯量时间常数为(T_a)。为了分析摩阻损失对水泵

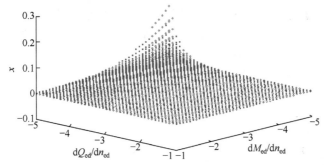

(a) 飞逸工况点处转速相对偏差在特性曲线($-5 \leqslant dM_{ed}/dn_{ed} \leqslant -1$，$-5 \leqslant dQ_{ed}/dn_{ed} \leqslant -1$)下的分岔图

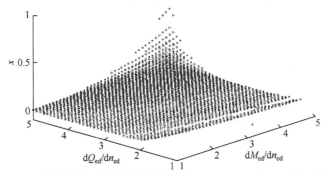

(b) 飞逸工况点处转速相对偏差在特性曲线($1 \leqslant dM_{ed}/dn_{ed} \leqslant 5$，$1 \leqslant dQ_{ed}/dn_{ed} \leqslant 5$) 下的分岔图

图 5-18　飞逸工况点处特性曲线斜率为分岔参数的转速相对偏差分岔图

水轮机系统在飞逸工况点稳定性的影响，分别在两种特性曲线斜率形式下分析系统转速相对偏差动态响应。

图 5-19 为转速相对偏差在不同特性曲线斜率($dM_{ed} / dn_{ed} = 3$，-3；$dQ_{ed} / dn_{ed} = 2$，-2)和摩阻损失下($K_1=1$，5，10)的动态响应。分析可知在不同特性曲线斜率下增加摩阻损失均可改善系统稳定性。图 5-19(a)为特性曲线斜率为负值时($dM_{ed} / dn_{ed} = -3$，$dQ_{ed} / dn_{ed} = -2$)转速相对偏差在不同摩阻损失下($K_1=1$，5，10)的动态响应。分析图 5-19(a)可知，当水泵水轮机特性曲线斜率同为负值时($dM_{ed} / dn_{ed} = -3$，$dQ_{ed} / dn_{ed} = -2$)，水泵水轮机转速相对偏差在飞逸工况点处都是趋于稳定的，随着摩阻损失(K_1)增加，转速相对偏差的超调量逐渐减小且趋于稳定速度加快。仿真结果说明摩阻损失增加可以改善水泵水轮机系统在飞逸工况点稳定性，且低水头高比转速水泵水轮机系统在飞逸工况点处具有较好稳定性。图 5-19(b)为特性曲线斜率为正值时($dM_{ed} / dn_{ed} = 3$，$dQ_{ed} / dn_{ed} = 2$)转速相对偏差在不同摩阻损失下($K_1=1$，5，10)的动态响应。分析图 5-19(b)可知，当水泵水轮机特性曲线斜率同为正值时($dM_{ed} / dn_{ed} = 3$，$dQ_{ed} / dn_{ed} = 2$)，随着摩阻损失 K_1 增加，水泵水轮机转速相对偏差在飞逸工况点处稳定性出现变化，当摩阻损失 $K_1=1$

时转速相对偏差逐渐失稳。仿真结果说明增加摩阻损失可以使高水头低比转速水泵水轮机系统在飞逸工况点趋于稳定,与低水头高比转速水泵水轮机系统相比,该系统在飞逸工况点稳定性较差。

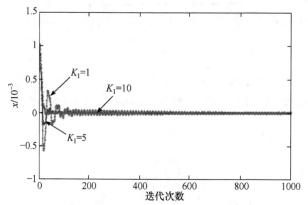

(a) dM_{ed}/dn_{ed}=−3,dQ_{ed}/dn_{ed}=−2时转速相对偏差在不同摩阻损失下动态响应

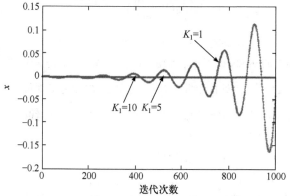

(b) dM_{ed}/dn_{ed}=−3,dQ_{ed}/dn_{ed}=−2时转速相对偏差在不同摩阻损失下动态响应

图 5-19　转速相对偏差在不同特性曲线斜率和摩阻损失下的动态响应

　　水泵水轮机系统参数取值为 $K_1=1$,dM_{ed}/d$n_{ed}=3$,dQ_{ed}/d$n_{ed}=2$。为了分析压力管道水流惯性时间常数(T_{w1})和转动惯量时间常数(T_a)对水泵水轮机系统在飞逸工况点稳定性影响,分别在不同水流惯性时间常数和转动惯量时间常数下分析系统转速相对偏差动态响应。

　　图 5-20 为转速相对偏差在不同压力管道水流惯性时间常数($T_{w1}=0.2$,0.25,0.3)和转动惯量时间常数下($T_a=2$,3,4)的动态响应,结果表明水流惯性和转动惯性均可影响转速瞬态特性。图 5-20(a)为在不同压力管道水流惯性时间常数下,水泵水轮机系统在飞逸工况点处转速相对偏差的动态响应。在不同压力管道水流惯性时间常数下,转速相对偏差均是处于逐渐失稳状态。随着压力管道水流惯性时

间常数减小，转速相对偏差失稳趋势加快且波动剧烈。仿真结果说明通过增加压力管道水流惯性时间常数可以改善水泵水轮机系统在飞逸工况点稳定性。图 5-20(b)为在飞逸工况点处水泵水轮机转速相对偏差在不同转动惯量时间常数下的动态响应。在不同转动惯量时间常数下，水泵水轮机在飞逸工况点处转速相对偏差均逐渐发散，且随着转动惯量时间常数增加，转速相对偏差发散速度加快。仿真结果说明，水泵水轮机系统在飞逸工况点稳定性可以通过减小转动惯量来改善。

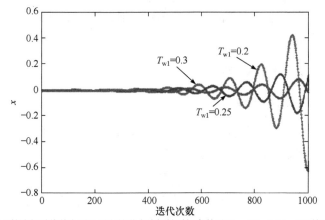

(a) 转速相对偏差在不同压力管道水流惯性时间常数下(T_{w1}=0.2，0.25，0.3)的动态响应

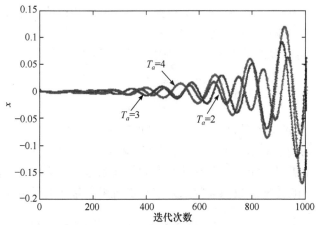

(b) 转速相对偏差在不同转动惯量时间常数下(T_a=2，3，4)的动态响应

图 5-20　转速相对偏差在不同压力管道水流惯性时间常数和转动惯量时间常数下的动态响应

　　综上所述，水泵水轮机系统在飞逸工况点处稳定性受上述因素共同影响，水泵水轮机特性曲线斜率同为负值时，系统具有较好稳定性，但随着特性曲线斜率减小稳定性变差；水泵水轮机特性曲线斜率同为正值时，系统稳定性较差且随着斜率增加稳定性进一步减弱；增加压力管道摩阻损失，增加水流惯性时间常数及减小转动惯量常数均能改善水泵水轮机系统在飞逸工况点处稳定性。

5.4　增减激励下水泵水轮机调节系统稳定性分析

本节在水泵水轮机发电工况下分析随机负荷扰动对系统瞬态特性影响规律，并采用多项式逼近方法重新建立水泵水轮机调节系统在甩负荷过渡过程中的随机动力学模型，研究水流惯性随机变化及反 S 区特性曲线对系统动态特性影响，分析压力管道摩阻损失、水流惯性时间常数和转动惯量时间常数对水泵水轮机飞逸工况点稳定性的影响。

5.4.1　水泵水轮机调节系统数学模型

1. 水泵水轮机机组的数学模型

水泵水轮机机组的力矩特性和流量特性可以通过转速 N、水头 H 和导叶开度 Y 来表示，机组的动态特性可以描述为[17,18]

$$\begin{cases} M_t = M_t(H,N,Y) \\ Q = Q(H,N,Y) \end{cases} \tag{5-42}$$

式中，M_t 为水轮机力矩，N·m；Q 为流量，m³/s；H 为水头，m；N 为转速，r/min；Y 为导叶开度。x、y、h、q、m_t 分别为机组转速偏差的相对值、导叶开度相对偏差、水头相对偏差、流量相对偏差和水轮机输出力矩相对偏差。

对式(5-42)进行泰勒级数展开，取一阶微量后，可以得到机组的数学模型为

$$\begin{cases} m_t = e_{mx}x + e_{my}y + e_{mh}h \\ q = e_{qx}x + e_{qy}y + e_{qh}h \end{cases} \tag{5-43}$$

式中，e_{my} 为水泵水轮机机组力矩相对导叶开度的传递系数；e_{mx} 为水泵水轮机机组力矩相对转速的传递系数；e_{mh} 为水泵水轮机机组力矩相对电站水头的传递系数；e_{qy} 为水泵水轮机机组流量相对导叶开度的传递系数；e_{qx} 为水泵水轮机机组流量相对于机组转速的传递系数；e_{qh} 为水泵水轮机机组流量相对于电站水头的传递系数。

2. 压力管道系统的数学模型

水泵水轮机调节系统在实际运行过程中存在明显水击作用，产生的水击压力会降低水泵水轮机机组的工作效率。水泵水轮机机组的压力管道系统较传统水电站的布置设计更为复杂，故在其模型建立的过程中要充分考虑管道摩阻损失的影响和管壁与水体的弹性效应。

根据压力管道内非恒定流的动量方程和连续方程，可得弹性水击条件下压力

管道系统的传递函数为

$$G_h(s) = \frac{h(s)}{q(s)} = -2h_{\mathrm{w}}\mathrm{th}(0.5T_r s) \tag{5-44}$$

式中，$G_h(s)$ 为压力管道传递函数；h_{w} 为压力管道的特性系数；T_r 为水击波的相长，s。

将式(5-44)传递函数中的双曲函数用泰勒级数展开可得

$$G_h(s) = \frac{h(s)}{q(s)} = -2h_{\mathrm{w}}\frac{\displaystyle\sum_{k=0}^{n}\frac{(0.5T_r s)^{2k+1}}{(2k+1)!}}{\displaystyle\sum_{k=0}^{n}\frac{(0.5T_r s)^{2k}}{(2k)!}} \tag{5-45}$$

取 $k=1$，即分子和分母均取前两项时，式(5-45)可化为

$$G_h(s) = \frac{h(s)}{q(s)} = -h_{\mathrm{w}}\frac{\dfrac{1}{24}T_r^3 s^3 + T_r s}{\dfrac{1}{8}T_r^2 s^2 + 1} \tag{5-46}$$

考虑相应的管道摩阻系数 f 时，式(5-46)可表示为

$$G_h(s) = \frac{h(s)}{q(s)} = -h_{\mathrm{w}}\frac{4f + (T_r^3 s^3/24) + T_r s}{\dfrac{1}{8}T_r^2 s^2 + 1 + (fT_r s/2)} \tag{5-47}$$

转化为相应微分方程形式，如

$$\ddot{q} + \frac{24}{T_r^2}\dot{q} + \frac{96f}{T_r^3}q = \frac{h(s)}{q(s)} = -\frac{3}{h_{\mathrm{w}}T_r}\ddot{h} - \frac{12f}{h_{\mathrm{w}}T_r^2}\dot{h} - \frac{24f}{h_{\mathrm{w}}T_r^3}h \tag{5-48}$$

将上述微分方程转化为相应状态空间方程形式为

$$\begin{cases} \dot{x}_1 = x_2 + b_2 h \\ \dot{x}_2 = x_3 + b_1 h x_3 + y \\ \dot{x}_3 = -a_0 x_1 - a_1 x_2 + (b_0 - a_1 b_2)h \end{cases} \tag{5-49}$$

和

$$q = x_1 \tag{5-50}$$

式中，x_1、x_2 和 x_3 均为状态方程中间状态量；$a_0 = \dfrac{96f}{T_r^3}$；$a_1 = \dfrac{24}{T_r^2}$；$b_0 = -\dfrac{24}{h_{\mathrm{w}}T_r^3}$；

$b_1 = -\dfrac{24ee_{my}}{h_{\mathrm{w}}T_r^2}$；$e$ 为中间变量，$e = e_{qy}e_{mh}/e_{my} - e_{qh}$；$b_2 = \dfrac{-3}{h_{\mathrm{w}}T_r}$。

压力管道系统的数学模型为

$$\dot{h} = \frac{1}{e_{qh}}(-e_{qx}\dot{\omega} - e_{qy}\dot{y} + x_2 + b_2 h) \tag{5-51}$$

3. 电动发电机的数学模型

水泵水轮机机组电机通常称为电动发电机，其在水轮机工况运行时作为发电机，在水泵工况运行时作为电动机。水泵水轮机机组的电机与常规水轮机机组的电机相比较，最大的特点就是能够双向旋转。本节电动发电机模型不仅将其视为旋转刚体考虑转动惯量，还考虑其出力与功角的关系，其二阶数学模型为[19]

$$\begin{cases} \dot{\delta} = \omega_1 \omega \\ \dot{\omega} = \dfrac{1}{T_{ab}}(m_t - m_e - D\omega) \end{cases} \tag{5-52}$$

式中，δ 为电动发电机功角标幺值；ω 为电动发电机角速度标幺值；T_{ab} 为水轮机惯性时间常数，s；D 为电动发电机阻尼系数；$\omega_1 = 2\pi f_0$，f_0 为机组基频，$f_0 = 50\text{Hz}$。

将机组转速变化对力矩影响考虑到电动发电机阻尼中，则此时电磁力矩与电磁功率相等，如

$$m_e = p_e \tag{5-53}$$

电磁功率则可由式(5-54)计算：

$$P_e = \frac{E'_q V_s}{x'_{d\Sigma}}\sin\delta + \frac{V_s^2}{2}\frac{x'_{d\Sigma} - x_{q\Sigma}}{x'_{d\Sigma} x_{q\Sigma}}\sin 2\delta \tag{5-54}$$

式中，E'_q 为电动发电机 q 轴暂态电势标幺值；V_s 为无穷大母线电压标幺值；$x'_{d\Sigma}$ 为电动发电机 d 轴暂态电抗标幺值；$x_{q\Sigma}$ 为电动发电机 q 轴暂态电抗标幺值。$x'_{d\Sigma}$ 和 $x_{q\Sigma}$ 可表示为

$$\begin{cases} x'_{d\Sigma} = \dot{x}_d + x_T + \dfrac{1}{2}x_L \\ x_{q\Sigma} = x_q + x_T + \dfrac{1}{2}x_L \end{cases} \tag{5-55}$$

式中，x_T 为电动发电机的变压器短路电抗标幺值；x_L 为电动发电机的输电线路电抗标幺值。

4. 水泵水轮机调速器的数学模型

本部分选取的是 PID 控制器调节模式，水泵水轮机调速器由 PID 控制器和液压伺服系统构成。其中 PID 控制器的传递函数为[20,21]

$$G_{\text{PID}}(s) = k_p + \frac{k_i}{s} + k_d s \tag{5-56}$$

式中，k_p，k_i，k_d 分别为比例、积分、微分的调节系数。

由此可得 PID 控制器输出信号表达式为

$$u = k_p(r - x) + k_i \int_0^t (r - x)\mathrm{d}t + k_d \frac{\mathrm{d}}{\mathrm{d}t}(r - x) \tag{5-57}$$

式中，r 为频率参考输入，在本部分的模型建立过程中不考虑频率参考输入，即此处 $r=0$。则式(5-57)可写为

$$u = k_p(r - x) + k_i z - k_d \dot{x} \tag{5-58}$$

此外，液压伺服系统的传递函数可表示为

$$G_2(s) = \frac{1}{1 + T_y s} \tag{5-59}$$

式中，T_y 为接力器反应时间常数，s。

相应的微分方程形式为

$$T_y \frac{\mathrm{d}y}{\mathrm{d}t} + y = u \tag{5-60}$$

将式(5-58)和式(5-60)联立，得到水泵水轮机调速器的数学模型为

$$\dot{y} = \frac{1}{T_y}\left(-k_p\omega - \frac{k_i}{\omega_1}\delta - k_d\dot{\omega} - y\right) \tag{5-61}$$

5. 水泵水轮机调节系统数学模型

综上所述，水泵水轮机调节系统数学模型为

$$\begin{cases} \dot{x}_1 = x_2 + b_2 h \\ \dot{x}_2 = x_3 + b_1 h \\ \dot{x}_3 = -a_0 x_1 - a_1 x_2 + (b_0 - a_1 b_2)h \\ \dot{\delta} = \omega_1 \omega \\ \dot{\omega} = \frac{1}{T_{ab}}\left(e_{mx}x + e_{my}y + e_{mh}h - \frac{E_q' V_s}{x_{d\Sigma}'}\sin\delta - \frac{V_s}{2}\frac{x_{d\Sigma}' - x_{q\Sigma}}{x_{d\Sigma}' x_{q\Sigma}}\sin 2\delta - D\omega\right) \\ \dot{y} = \frac{1}{T_y}\left[k_p\omega - \frac{k_i}{\omega_1}\delta - k_d\dot{\omega} - y\right] \\ \dot{h} = \frac{1}{e_{qh}}(-e_{qx}\dot{\omega} - e_{qy}\dot{y} + x_2 + b_2 h) \end{cases} \tag{5-62}$$

5.4.2　系统在不同工况下稳定性分析

抽水蓄能电站在运行过程中对水泵水轮机调节系统调节性能的要求主要集中在以下两个方面：一是调节系统的响应速度快，即能够在较短的时间内完成水

泵方向的启动和停机、水轮机方向的启动和停机、空载运行、大幅度增负荷、突减负荷、并网运行、发电机调相运行和系统甩负荷等多种暂态过程，并尽可能减小此暂态过程对抽水蓄能机组和电网带来的危害和影响；二是抽水蓄能机组的稳定性能好，即在某一个指定的工况点运行时受到相应的扰动能够快速恢复到稳定运行状态以保证相应频率和功率的稳定。本小节从抽水蓄能电站在水轮机方向稳定运行的不同工况点出发，以水泵水轮机调节系统常出现的负荷增减变化作为系统相应激励，研究水泵水轮机调节系统在不同工况点受到相应激励后的运行特性。

采用稳定性定理来判定水泵水轮机调节系统的稳定性，该定理要求计算水泵水轮机调节系统数学模型相应方程组的雅克比矩阵和相应的全部特征值[22]。因此，将式(5-62)转化为该矩阵特征方程的形式，其相应的矩阵特征方程一般形式可以简化为

$$f(\lambda) = b_n\lambda^n + b_{n-1}\lambda^{n-1} + \cdots + b_s\lambda^s + \cdots + b_t\lambda^t + \cdots + b_1\lambda + b_0 = 0 \qquad (5\text{-}63)$$

此处设 $\lambda = \mu\left[\cos\left(\dfrac{\pi}{2}\right) + i\sin\left(\dfrac{\pi}{2}\right)\right]$，则有 $\lambda = \mu i$，其中 μ 为 λ 的模。分析可知，如果系统数学模型中方程组雅克比矩阵的相应特征方程的全部特征值满足 $|\arg(\lambda_i)| > \pi/2$，那么水泵水轮机调节系统就处于稳定运行状态。

本小节水泵水轮机调节系统在水轮机方向稳定运行的不同工况点下的参数为：f=0.032，ω_1=314，D=0.5，E_q'=1.15，$x_{d\Sigma}'$=1.15，$x_{q\Sigma}$=1.474，V_s=1，T_{ab}=8s，T_r=8s，T_y=0.1s，k_i=1。水泵水轮机机组不同工况点的特性通常由其数学模型中的 6 个传递系数来表示。如表 5-5 描述的是水泵水轮机调节系统在水轮机方向运行不同工况点下相应的 6 个传递系数，其中不同的工况点对应机组分别在相对高、中、低水头情况下运行[23]。

表 5-5　水泵水轮机调节系统在水轮机方向运行不同工况点下的传递系数

工况点	H/m	e_{qx}	e_{qy}	e_{qh}	e_{mx}	e_{my}	e_{mh}
工况点一	294.411	0.082	0.680	0.728	−0.879	0.512	1.930
工况点二	310.068	0.065	0.639	1.200	−0.885	0.481	3.137
工况点三	328.935	0.007	0.000	−0.007	−0.362	0.000	0.368

通过分析和理论计算，可得如图 5-21 所示的水泵水轮机调节系统在水轮机方向运行的不同工况点下的 k_p-k_d 稳定域示意图。

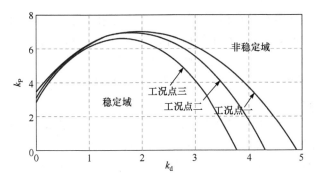

图 5-21　$E_q' = 1.15$ 时三个不同工况点调节系数 k_p-k_d 的稳定域

抽水蓄能电站运行过程中负荷增减变化的复杂特性会引起电动发电机暂态电动势 E_q' 的增减变化，负荷电流与相应合成电动势成正相关。本小节假设了两种情况，一种是负荷向减小的方向变化，此时的暂态电动势 E_q' 由 1.15 变为 1.05；一种是负荷向增大的方向变化，此时暂态电动势 E_q' 由 1.15 变为 1.25。本小节将 $E_q' = 1.05$、$E_q' = 1.15$ 和 $E_q' = 1.25$ 分别定义为情形一、情形二和情形三。情形一和情形三这两种情况下的水泵水轮机调节系统不同工况点调节系数 k_p-k_d 的稳定域如图 5-22 所示。

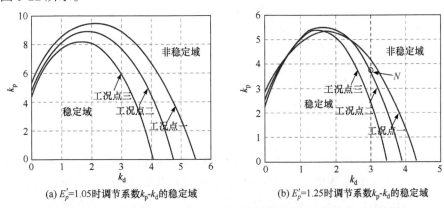

(a) $E_p' = 1.05$时调节系数k_p-k_d的稳定域　　　　(b) $E_p' = 1.25$时调节系数k_p-k_d的稳定域

图 5-22　$E_q' = 1.05$ 和 $E_q' = 1.25$ 时三个不同工况点调节系数 k_p-k_d 的稳定域

类似地，在情形一和情形三这两种情况，工况点一中的水泵水轮机调节系统调节系数 k_p-k_d 稳定域范围都是最大，工况点三中调节系数 k_p-k_d 稳定域范围最小，工况点二中调节系数的 k_p-k_d 稳定域范围居中。结合情形二所得结论，上述分析和理论计算表明在不同负荷增减激励的情形下，水泵水轮机机组的各项性能在相对高、中、低水头工况点运行的变化规律具有一定的相似性，即在相对高水头工况点运行时更为不利。

为验证系统稳定性的理论分析和计算结果的有效性和准确性，采用龙格库塔法对水泵水轮机调节系统在情形三下的工况点二进行数值仿真。以转速相对偏差 x 代替发电机角速度 ω，水泵水轮机调节系统的初值设置为$[x_1, x_2, x_3, \delta, x, y, h]=$ [0.001, 0.001, 0.001, 0.001, 0.001, 0.001, 0.001]，时间步长为0.01s，迭代次数为1000。取 $k_d=3$，以 k_p 为水泵水轮机调节系统的分岔参数进行分析。

　　图5-23为水泵水轮机调节系统在 $0\leqslant k_p\leqslant 5$ 时转速相对偏差 x 的分岔图及其特殊段局部放大图。当 $0<k_p<3.7$ 时，随着 k_p 的减小，水泵水轮机机组转速相对偏差的波动范围在逐渐缩小且越来越趋近于零，这表明此时水泵水轮机调节系统处于稳定运行状态。但是当 $3.7<k_p<5$ 时，水泵水轮机机组转速相对偏差的最大值随着 k_p 的增大逐渐增大，这表明水泵水轮机调节系统随着 k_p 的增大变得越来越不稳定。在 $k_p=3.7$ 时，系统出现了一个临界点，与图5-22(b)中的点 N 是一致的。在这个临界点处，水泵水轮机调节系统处于临界稳定状态。由此可以看出，上述系统稳定域的分析和理论计算的准确性。

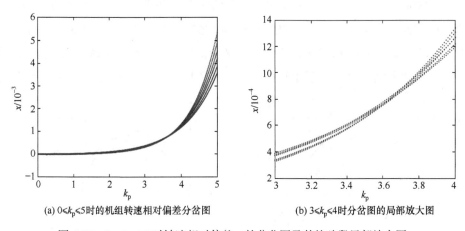

(a) $0\leqslant k_p\leqslant 5$时的机组转速相对偏差分岔图　　　(b) $3\leqslant k_p\leqslant 4$时分岔图的局部放大图

图5-23　$0\leqslant k_p\leqslant 5$ 时转速相对偏差 x 的分岔图及其特殊段局部放大图

　　为进一步探讨此种情况下水泵水轮机调节系统的稳定性特性，以 k_p 为分岔参数，选取了三个典型数据点，即对 $k_p=2.5$、$k_p=3.7$ 和 $k_p=4.5$ 进行系统动力学分析。$E_q'=1.25$ 时工况点二水泵水轮机机组转速相对偏差 x 在不同 k_p 下的动态响应如图5-24所示。由图5-24(a)可以看出，在 $k_p=2.5$ 时，工况点二下的水泵水轮机机组转速相对偏差 x 为周期性减幅振荡，可以很快趋于稳定，这与当前 k_p 和 k_d 的取值位于此工况点情形三下的稳定域内是一致的，具体参见图5-22(b)。结果表明，此时水泵水轮机调节系统处于稳定运行状态。图5-24(b)是 $k_p=3.7$ 时机组转速相对偏差 x 的动态响应，可以看出水泵水轮机机组转速相对偏差 x 呈周期性等幅振荡规律，此时水泵水轮机调节系统处于临界稳定状态，这是因为 k_p 和 k_d 位于此工况点情形三下的稳定域边界上。图5-24(c)是 $k_p=4.5$ 时机组转速相对偏差 x 的动态响应，可以看出，水泵水轮机机组转速相对偏差 x 随时间呈周期性增幅振荡，且呈逐渐发散趋势，该结果表明，此时水泵水轮机调节系统处于失稳状态，这与当前 k_p 和 k_d 的取值位于此工况点情形三下的非稳定域内是相符的。

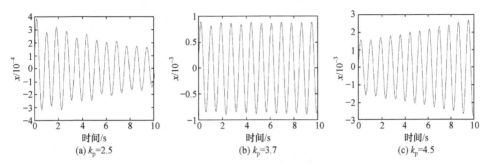

图 5-24　$E_q'=1.25$ 时工况点二的水泵水轮机机组转速相对偏差在不同 k_p 下的动态响应

　　以上数值仿真结果证实了 k_p 对水泵水轮机调节系统稳定性的影响，在系统其他结构参数和运行参数等不变的情况下，随着 k_p 在计算范围内逐渐增大，水泵水轮机调节系统依次经历了稳定状态、临界稳定状态和失稳状态。

　　深入研究机组在相对高、中、低水头工况点运行时，负荷增减变化激励对其稳定性的影响。可得相对高、中、低水头工况下水泵水轮机调节系统在三种不同 E_q' 下调节系数 k_p-k_d 的稳定域，如图 5-25 所示。

　　图 5-25 中(a)、(b)、(c)分图分别对应工况点一、工况点二和工况点三在不同 E_q' 下调节系数 k_p-k_d 的稳定域。在工况点一(相对低水头工况运行)条件下，情形一中调节系数 k_p-k_d 稳定域范围最大，情形三中调节系数 k_p-k_d 稳定域范围最小，情形二中调节系数 k_p-k_d 的稳定域范围居中。在工况点二(相对中水头工况运行)和工况三点(相对高水头工况运行)条件下，调节系数 k_p-k_d 稳定域范围在不同 E_q' 情形和工况点一中具有相似的变化规律。综上所述，以上分析和理论计算结果表明水泵水轮机调节系统在相对高、中、低水头工况点运行时，负荷增减变化激励都对其稳定域有很大影响且影响规律具有一定的相似性，即在减小负荷变化激励时较增加负荷变化激励时系统调节系数 k_p-k_d 稳定域范围更加宽广。

　　为更加深入地了解在同一工况点、同样的系统结构参数和运行参数下，负荷增减变化激励 E_q' 对水泵水轮机调节系统稳定性的影响。下面以工况点二为例，选取不同 E_q' 的三种情形来进一步探讨系统动力学行为(图 5-26)。此时，令 $k_d=3$，$k_p=5.6$，M 点位于工况点二在情形二下的分岔线上。

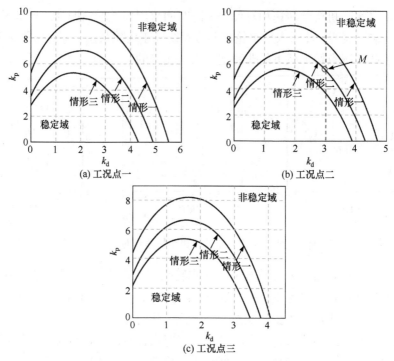

图 5-25　三种不同工况点下对应不同 E_q' 时调节系数 k_p-k_d 的稳定域

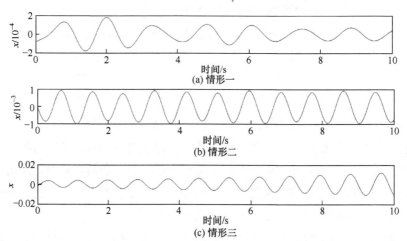

图 5-26　k_d=3，k_p=5.6 时工况点二的水泵水轮机机组转速相对偏差在不同 E_q' 下的动态响应

　　由图 5-26(a)可得，在 E_q' =1.05 的情形一时，工况点二下的水泵水轮机机组转速相对偏差 x 为周期性减幅振荡，可以很快趋于稳定，与当前 k_p 和 k_d 的取值位于此工况点情形一下的稳定域内一致，具体参见图 5-25(b)。结果表明，此时的水泵水轮机调节系统处于稳定运行状态。图 5-26(b)是 E_q' =1.15 的情形二时机组转速相

对偏差 x 的动态响应，水泵水轮机机组转速相对偏差 x 呈周期性等幅振荡规律，较上述情形衰减得更为缓慢，这时 k_p 和 k_d 的取值位于此工况点情形二下的稳定域边界上。因此，情形二时水泵水轮机调节系统处于临界稳定状态。图 5-26(c) 是 $E'_q = 1.25$ 的情形三时机组转速相对偏差 x 的动态响应，从此图中可以看出，机组转速相对偏差 x 随着时间的增加呈逐渐发散的趋势。该结果表明此时水泵水轮机调节系统处于失稳状态。综上所述，数值仿真结果证实了负荷增减变化激励 E'_q 对系统稳定性的影响很大，在一定范围内增加负荷变化激励比减小负荷变化激励对系统运行稳定性更为不利。

5.5 本 章 小 结

本章先在水泵水轮机发电工况下分析了随机负荷扰动对系统瞬态特性影响规律，采用多项式逼近方法建立了水泵水轮机系统在甩负荷过渡过程随机动力学模型，研究了水流惯性随机变化及反 S 区特性曲线对系统动态特性影响，分析了压力管道摩阻损失、水流惯性时间常数和转动惯量时间常数对水泵水轮机飞逸工况点稳定性影响。然后，考虑不同工况点对应水泵水轮机机组在相对高、中、低水头工况运行和机组运行过程中存在负荷的增减变化的非线性特性，针对不同的负荷变化对系统进行理论计算和数值模拟。主要结论如下：

(1) 在发电工况下，PI 控制器参数可以调控随机负荷扰动影响下的水泵水轮机调节系统瞬态特性。其中减小 k_i 或增大 k_p 均可改善系统稳定性。此外，减小系统初始功率也可以改善随机负荷下系统瞬态特性。

(2) 当水泵水轮机甩负荷且导叶拒动进入反 S 区时，在随机水流惯性影响下，增加特性曲线 n_{ed}-Q_{ed} 斜率或减小特性曲线 n_{ed}-M_{ed} 斜率均可改善水泵水轮机系统在制动工况稳定性。

(3) 在飞逸工况点处，当水泵水轮机特性曲线斜率同为负值时，系统具有较好稳定性，但随着特性曲线斜率减小稳定性变差，水泵水轮机特性曲线斜率同为正值时，系统稳定性较差但随着斜率减小稳定性得到改善。此外，增加压力管道摩阻损失，增加水流惯性时间常数及减小转动惯量时间常数均能改善水泵水轮机系统在飞逸工况点处稳定性。

(4) 在不同负荷增减激励的情形下水泵水轮机机组的各项性能在相对高、中、低水头工况点运行的变化规律具有一定的相似性，且都是在相对高水头工况点运行时更为不利；负荷增减变化激励都对其有很大的影响且影响规律具有一定相似性，即在减小负荷变化激励时系统调节系数 k_p-k_d 稳定域范围比增加负荷变化激励时更加宽广。

参 考 文 献

[1] 张娜, 董化宏, 何学铭. 我国抽水蓄能电站建设必要性和前景[J]. 中国三峡, 2010 (11):16-20.

[2] 李世东. 水电比重大的电力系统建抽水蓄能电站的必要性[J]. 水力发电, 2002(11): 5-8.

[3] 曾洪涛, 梁晨, 孙岩. 带长引水道抽水蓄能机组调节系统非线性建模与仿真平台开发[J]. 水电能源科学, 2015 (2): 182-186.

[4] ZHANG L K, MA Z, WU Q, et al. Vibration analysis of coupled bending-torsional rotor-bearing system for hydraulic generating set with rub-impact under electromagnetic excitation[J]. Archive of Applied Mechanics, 2016, 86(9): 1665-1679.

[5] LI C S, MAO Y F, YANG J D, et al. A nonlinear generalized predictive control for pumped storage unit[J]. Renewable Energy, 2017, 114: 945-959.

[6] PEREZ-DIZA J I, SARASUA J I, WIHELMI J R. Contribution of a hydraulic short-circuit pumped-storage power plant to the load-frequency regulation of an isolated power system[J]. International Journal of Electrical Power & Energy Systems, 2014, 62: 199-211.

[7] SARASUA J I, PEREZ-DIAZ J I, WIHELMI J R, et al. Dynamic response and governor tuning of a long penstock pumped-storage hydropower plant equipped with a pump-turbine and a doubly fed induction generator[J]. Energy Conversion and Management, 2015, 106: 151-164.

[8] ZENG W, YANG J D, GUO W C. Runaway instability of pump-turbines in S-shaped regions considering water compressibility[J]. Journal of Fluids Engineering, 2015, 137(5): 051401.

[9] 杨建东, 曾威, 杨威嘉,等. 水泵水轮机飞逸稳定性及其与反 S 特性曲线的关联[J]. 农业机械学报, 2015, 46(4): 59-64.

[10] ZENG W, YANG J D, Yang W J. Instability analysis of pumped-storage stations under no-load conditions using a parameter-varying mode[J]. Renewable Energy, 2016, 90: 420-429.

[11] XU B B, CHEN D Y, TOLO S, et al. Model validation and stochastic stability of a hydro-turbine governing system under hydraulic excitations[J]. International Journal of Electrical Power & Energy Systems, 2018, 95: 156-165.

[12] LAI X D, LIANG Q W, YE D X, et al. Experimental investigation of flows inside draft tube of a high-head pump-turbine[J]. Renewable Energy, 2019, 133: 731-742.

[13] SUN H, XIAO R F, LIU W C, et al. Analysis of s characteristics and pressure pulsations in a pump-turbine with misaligned guide vanes[J]. Journal of Fluids Engineering, 2013, 135(5): 051101.

[14] 夏林生, 程永光, 蔡芳,等. 水泵水轮机四象限工作区流动特性数值分析[J]. 水利学报, 2015, 46(7): 859-868.

[15] XIA L S, CHENG Y G, YOU J F, et al. Mechanism of the S-shaped characteristics and the runaway instability of pump-turbines[J]. Journal of Fluids Engineering, 2016, 139(3): 031101.

[16] ZHANG H, CHEN D Y, WU C Z, et al. Dynamic modeling and dynamical analysis of pump-turbines in S-shaped regions during runaway operation[J]. Energy Conversion and Management, 2017, 138: 375-382.

[17] 彭兵, 叶鲁卿, 李朝晖. 抽水蓄能机组调节系统建模及仿真研究[J]. 水电厂自动化, 1997, 61: 38-44.

[18] 胡建军, 常黎, 丁坦,等.一种可逆式机组的鲁棒控制策略研究[J]. 水电能源科学, 2016, 34(11): 142-147.

[19] 凌代俭. 水轮机调节系统分岔与混沌特性的研究[D]. 南京: 河海大学, 2007.

[20] 散齐国, 周建中, 郑阳,等. 抽水蓄能机组调速系统非线性预测控制方法研究[J]. 大电机技术, 2017, 1: 68-74.

[21] 赵志高, 周建中, 张勇传,等. 抽水蓄能机组复杂空载工况增益自适应 PID 控制[J]. 电网技术, 2018, 42(12): 3918-3925.

[22] 张浩. 水轮机调节系统动力学建模与稳定性分析[D]. 杨凌: 西北农林科技大学, 2016.

[23] 唐韧博, 杨建东. 水泵水轮机不同工况点的稳定性分析[J]. 水力发电学报, 2016, 35 (5): 117-122.